ARITHMÉTIQUE USUELLE

DES VILLES ET DES CAMPAGNES.

PONT-A-MOUSSON, TYP. TOUSSAINT.

ARITHMÉTIQUE USUELLE

DES VILLES ET DES CAMPAGNES,

En 51 Leçons,

PAR DEMANDES ET PAR RÉPONSES,

Renfermant tout ce qu'il est indispensable de connaître pour nos relations commerciales et sociales.

PAR J. D., ANCIEN INSTITUTEUR.

TROISIÈME ÉDITION,

Revue avec soin et considérablement augmentée de plusieurs questions utiles et très-variées sur les règles de trois, d'intérêt, du temps, pour les paiements, d'escompte, de change, de société, de troc, de mélange, de fausses positions, simple et double, les rentes sur l'Etat, résolues sans le secours des proportions par une méthode facile, basée sur les seules combinaisons des quatre règles, et enfin sur les racines carrée, cubique, la planimétrie et la stéréométrie pratiques dont l'usage est indispensable dans les campagnes.

Cette troisième Édition, mise à la portée de toutes les classes de la société, est réellement recommandable par sa simplicité et sa clarté, et mérite l'attention des jeunes gens de nos institutions et de toutes les personnes qui veulent apprendre l'arithmétique usuelle sans le secours d'aucun maître.

. . . .
Elementa velint ut discere prima.
On doit commencer par les éléments.
(HORACE.)

Prix : UN FRANC, cartonné.

A LUNÉVILLE,

Chez l'AUTEUR, rue du Bosquet, n° 19.
Et chez les principaux Libraires des départements.

AVERTISSEMENT.

L'Arithmétique usuelle des villes et des campagnes renferme tout ce qu'il est utile de connaître pour nos relations commerciales et sociales.

J'ai eu soin de dégager cette nouvelle édition de toute espèce de théorie relevée, et d'éviter l'emploi de ces raisonnements que l'on a d'abord de la difficulté à comprendre et que bientôt l'on oublie.

Je n'ai pas perdu de vue que j'écrivais pour de jeunes élèves, et j'ai cherché à rendre mon style clair, concis : aussi les enfants des campagnes, comme ceux des villes, qui doivent un jour devenir des artisans ou des cultivateurs, des commerçants ou des industriels, pourront-ils puiser dans cette troisième édition, la connaissance de toutes les règles pour effectuer facilement les divers calculs qui sont à chaque instant d'un usage si précieux dans les besoins de la vie.

L'Arithmétique usuelle des villes et des campagnes, divisée en 51 leçons, renferme deux parties bien distinctes qui comprennent

La première :

1º Les définitions préliminaires ;

2º La numération, ou l'art de former les nombres, de les représenter avec des chiffres et de les énoncer ;

3º Les notions préliminaires du système métrique ;

4º Les quatre opérations fondamentales de l'*Arithmétique* sur les nombres entiers et décimaux ;

5º Le calcul des fractions ordinaires et décimales ;

6º L'exposé du système métrique renfermant beaucoup d'applications utiles ;

7º Les règles de trois, d'intérêt, du temps pour les paiements, d'escompte, de change, de société, de troc, de mélange, de fausses positions, simple et double, et le cours des rentes sur l'État ;

8º Enfin de nombreuses questions utiles et très-variées, résolues sans le secours des proportions par une méthode facile et propre à former le jugement.

La seconde :

1º L'*extraction* des racines carrées et cubiques ;

2º La *planimétrie*, ou l'art de mesurer une pièce de terre, un jardin, une cour, un plancher, un plafond, une boiserie, un mur, etc. ;

3º Enfin la *stéréométrie*, ou l'art de mesurer les volumes des corps ou solides.

M'étant occupé pendant plus de vingt ans de l'instruction des enfants, c'est en vue de leur rendre l'étude du calcul moins pénible et plus agréable, que je viens encore leur offrir *ce nouveau Cours d'arithmétique*, rédigé avec clarté et entièrement basé sur le système métrique. Persuadé que la théorie est toujours bien insuffisante sans la pratique, j'ai fait suivre chaque règle de nombreuses questions, les unes résolues et les autres seulement proposées avec résultat.

Dégagée de tout ce qui peut paraître abstrait ou obscur, mise à la portée de toutes les intelligences, *l'Arithmétique usuelle* présente, sinon un ouvrage savant et profond, du moins un ouvrage peu volumineux et cependant très-complet ; un ouvrage méthodique, simple, clair, proportionné à la conception et aux besoins de la jeunesse, en un mot, un ouvrage utile à toutes les classes de la société.

L'expérience a prouvé qu'il suffit de dix mois de leçons pour mettre, au moyen de cette *Arithmétique*, un élève d'une intelligence commune, en état de calculer, mesurer et cuber convenablement, et de se défendre dans toutes les positions auxquelles sa destinée peut l'appeler.

Puisse *cet ouvrage* que je destine spécialement aux jeunes gens des deux sexes qui fréquentent les écoles primaires, être accueilli par leurs maîtres et leurs maîtresses, et me mériter ainsi un dédommagement complet du travail et des sacrifices que je me suis imposés !

Copie d'une lettre de M. le Vicaire-Général de l'Évêché de Nancy, à l'auteur de l'Arithmétique usuelle des villes et des campagnes.

Nancy, le 19 Novembre 1851.

Monsieur,

J'ai prié un de nos ecclésiastiques, bon mathématicien et très-capable, d'examiner votre *Arithmétique usuelle*, et j'ai l'honneur de vous adresser le Compte-Rendu qu'il m'en a fait, en désirant sincèrement qu'il puisse vous être de quelque utilité : « J'ai par» couru avec attention le travail de M. Duhaut, et puisqu'il n'a pas » voulu faire un livre savant, mais méthodique, simple, clair, dé» gagé des raisonnements qui ne sont compris d'abord qu'avec dif» ficulté, il me semble avoir atteint complétement son but. Il dit » clairement, pour les différentes opérations de l'arithmétique, com» ment il faut les traiter, ensuite les vérifier; puis il joint une série » de problèmes à la solution desquels les élèves gagneront beaucoup » à s'exercer. »

L'*Arithmétique usuelle* de M. Duhaut peut donc être mise avec fruit entre les mains des jeunes gens des deux sexes qui fréquentent les écoles primaires ; elle ne sera pas inutile aux maîtres, dont elle facilitera la tâche en la simplifiant.

Agréez, Monsieur, l'assurance des sentiments d'estime et de considération de votre tout dévoué serviteur.

Signé : GRIDEL, *vicaire-général.*

Copie d'une lettre de M. HENRY, *inspecteur de l'instruction primaire pour l'arrondissement de Lunéville*, à l'auteur de l'*Arithmétique usuelle* des Villes et des Campagnes.

Lunéville, le 22 Avril 1853.

Monsieur,

Votre *Arithmétique usuelle* des Villes et des Campagnes, que j'ai lue avec attention, m'a paru renfermer tout ce qu'il est utile de connaître, à quiconque ne veut pas faire de cette science une étude approfondie.

Je pense donc que cet ouvrage pourrait être mis avec fruit entre les mains des enfants de la campagne, et que la clarté et la simplicité de ses raisonnements le rendraient accessible aux intelligences les plus ordinaires.

Agréez, Monsieur, l'assurance de mon estime et de ma considération très-distinguée.

Signé : HENRY.

Copie d'une lettre de M. JACQUET, *inspecteur de l'instruction primaire pour l'arrondissement de Nancy*, à l'auteur de l'*Arithmétique usuelle* des Villes et des Campagnes.

Nancy, le 31 Juillet 1853.

Monsieur,

Je verrais avec plaisir que votre *Arithmétique* obtînt accès dans les écoles de campagne. Elle y conviendrait, à mon avis, parce que, dégagée d'une théorie que les enfants ont rarement le temps d'approfondir, elle appuie d'applications nombreuses des principes exposés avec simplicité et clarté.

J'ai l'honneur de vous saluer avec une parfaite considération.

Signé, JACQUET.

ARITHMÉTIQUE USUELLE
DES VILLES ET DES CAMPAGNES.

PREMIÈRE PARTIE.

LEÇON PREMIÈRE.

Définitions.

1. D. *Qu'est-ce que l'*arithmétique ?

R. L'*arithmétique* est une science qui donne la connaissance des nombres et qui apprend à effectuer les diverses opérations auxquelles on les soumet.

2. D. *Qu'est-ce qu'un* nombre?

R. Un *nombre* est une réunion d'unités ou de parties de l'unité.

3. D. *Qu'est-ce que l'*unité?

R. L'*unité* est une quantité connue qu'on prend pour servir de terme de comparaison à toute quantité de même espèce.

4. D. *Combien y a-t-il de sortes d'*unités ?

R. Il y a autant de sortes d'*unités* qu'il y a de sortes de quantités.

L'unité de *longueur* est le *mètre.*

L'unité de *surface* est le *mètre carré* pour les petites surfaces, et l'*are* pour les grandes.

L'unité de *volume* est le *mètre cube*, qui prend le nom de *stère*, pour la mesure du bois de chauffage.

L'unité de *capacité* est le *litre.*

L'unité de *poids* est le *gramme.*

L'unité de *monnaie* est le *franc.*

5. D. *Qu'appelle-t-on* grandeur *ou* quantité ?

R. On appelle *grandeur* ou *quantité* tout ce qui est susceptible d'augmentation ou de diminution. Ainsi le poids d'un objet, sa valeur, sa longueur, sa largeur et son épaisseur sont des *quantités.*

6. D. *Comment mesure-t-on une* quantité ?

R. On mesure une *quantité* en la comparant avec l'unité de même espèce : le résultat de cette comparaison s'appelle *nombre*. Un *nombre* exprime donc combien il y a d'unités ou de parties de l'unité dans une *quantité*.

7. D. *Combien y a-t-il de sortes de* nombres?

R. Il y en a trois sortes : le nombre *entier*, le nombre *fractionnaire*, et la *fraction*.

8. D. *Qu'est-ce que le nombre* entier?

R. Le nombre *entier* est celui qui est composé d'une ou de plusieurs unités entières, comme 12 mètres, 20 grammes, 16 litres.

9. D. *Qu'est-ce que le nombre* fractionnaire?

R. Le nombre *fractionnaire* est celui qui renferme des unités et des parties ou fractions de l'unité, comme 8 mètres $\frac{3}{4}$ de mètre, 7 kilogrammes $\frac{1}{2}$ de kilogramme.

10. D. *Qu'est-ce que la* fraction?

R. La *fraction* est une ou plusieurs parties égales de l'unité, comme $\frac{1}{2}$, $\frac{2}{3}$, $\frac{4}{5}$, qu'on lit : une *demie*, deux *tiers*, quatre *cinquièmes*.

11. D. *Qu'appelle-t-on nombres* décimaux?

R. On appelle *décimaux* les nombres qui renferment des unités et des parties de l'unité de dix en dix fois plus petites; ces mêmes parties, étant seules, se nomment aussi *nombres décimaux*, ou simplement *parties décimales*.

12. D. *Qu'appelle-t-on encore nombres* concrets *et nombres* abstraits?

R. Le nombre *concret* est celui qui exprime des unités dont l'espèce est déterminée, comme 20 mètres, 16 francs, 17 litres.

Le nombre *abstrait* est celui dont l'espèce d'unité n'est pas déterminée, comme 20, 30, 40, 100 etc., ou 20 fois, 30 fois, 40 fois, 100 fois, etc.

13. D. *Qu'est-ce que* calculer?

R. *Calculer*, c'est faire des opérations sur les nombres.

14. D. *Quelles sont les* opérations *qu'on peut faire sur les nombres?*

R. Ce sont l'*addition*, la *soustraction*, la *multiplication* et la *division*.

LEÇON DEUXIÈME.

De la Numération.

15. D. *Qu'est-ce que la* numération?

R. La *numération* est l'art de former les nombres, de les représenter avec des chiffres et de les énoncer.

16. D. *De quoi se sert-on pour exprimer les* nombres?

R. On se sert de dix signes, appelés *chiffres arabes*, qui sont : 1, 2, 3, 4, 5, 6, 7, 8, 9, 0.

17. D. *Quelle est la valeur du* zéro?

R. Par lui-même le *zéro* n'a aucune valeur, mais il sert, dans l'expression des nombres, à remplacer les différentes espèces d'unités qui leur manquent; les autres chiffres représentent les neuf premiers nombres appelés les *unités simples*, ou les unités du *premier ordre*.

18. D. *Peut-on, avec ces* dix chiffres, *exprimer tous les nombres?*

R. Oui, parce qu'on est convenu qu'en ajoutant 1 unité au chiffre 9, on formerait une unité du second ordre, appelée *dizaine* ou *dix*, qui serait représentée par le chiffre 1, suivi du zéro, c'est-à-dire par 10; qu'on ajouterait cette nouvelle unité à elle-même et aux résultats successifs pour composer les nombres 20, 30, 40, 50, 60, 70, 80, 90, exprimant deux dizaines, trois dizaines, quatre dizaines, cinq dizaines, six dizaines, sept dizaines, etc., qu'on énonce vingt, trente, quarante, cinquante, soixante, soixante-dix, quatre-vingt, quatre-vingt-dix.

19. D. *Pour passer de 10 à 20, de 20 à 30, de 30 à 40...., de 80 à 90, et de 90 à 90 plus 10, sans interrompre la suite naturelle des nombres qui ne doivent croître que d'une unité simple, que faut-il faire?*

R. Il faut mettre à la place du *zéro* les neuf chiffres 1, 2, 3, 4, 5, 6, 7, 8, 9, et alors on a les nombres intermédiaires dont les noms se forment de celui du chiffre des dizaines joint au nom des unités simples substituées au *zéro*, ce qui fait que

10 devient 11, 12, 13, 14, 15, 16, 17, 18, 19;
20 21, 22, 23, 24, 25, 26, 27, 28, 29;
30 31, 32, 33, 34, 35, 36, 37, 38, 39;
40 41, 42, 43, 44, 45, 46, 47, 48, 49;
50 51, 52, 53, 54, 55, 56, 57, 58, 59;
60 61, 62, 63, 64. 65, 66, 67, 68, 69;
70 71, 72, 73, 74, 75, 76, 77, 78, 79;
80 81, 82, 83, 84, 85, 86, 87, 88, 89;
90 91, 92, 93, 94, 95, 96, 97, 98, 99;

20. D. *Les unités du second ordre, appelées* dizaines, *étant déterminées, que faut-il faire pour obtenir celles du troisième ordre, nommées* centaines?

R. Il faut ajouter 10 à 90, ce qui donne dix dizaines, ou 1 unité du troisième ordre, appelée *centaine* ou *cent*; on ajoute cette nouvelle unité à elle-même, puis aux résultats successifs, comme on a réuni les dizaines et les unités simples, et alors on a les nombres 100, 200, 300, 400, 500, 600, 700, 800, 900, qui s'énoncent : *cent*, *deux cents*, *trois cents*, *quatre cents*, *cinq cents*..., *neuf cents*.

21. D. *Pour obtenir les nombres compris entre 100 et 200, entre 200 et 300, entre 300 et 400, entre 400 et 500..., entre 900 et 900 plus 100, que faut-il faire?*

R. Il faut mettre à la place des deux zéros, l'un après l'autre, tous les nombres 1, 2, 3, 4, 5, 6, 7, 8, 9, jusqu'à 99, et alors on a les nombres intermédiaires dont les noms se composent de ceux des *centaines*, *dizaines* et *unités* qu'ils renferment, d'où il résulte que 100 devient 101, 102, 103, 104, 105, 106, 107, 108, 109, 110, 111, 112, 113, 114, 115, 116, 117, 118, 119, 120, 121, 122, 123, 124, 125, 126, 127, 128, 129, 130, 131, 132, 133, 134, 135, 136, 137, 138, 139, 140, 141, 142, 143, 144, 145, 146, 147, 148, 149, 150, 151, 152, 153, 154, 155, 156, 157, 158, 159, 160, 161, 162, 163, 164, 165, 166, 167, 168, 169, 170, 171, 172, 173, 174, 175, 176, 177, 178, 179, 180, 181, 182, 183, 184, 185, 186, 187, 188, 189, 190, 191, 192, 193, 194, 195, 196, 197, 198, 199, et ainsi de suite pour 200 à 299, pour 300 à 399, pour 400 à 499, pour 500 à 599, pour 600 à 699, pour 700 à 799, pour 800 à 899, pour 900 à 999, de sorte qu'en continuant de réunir dix unités du même ordre pour en composer une nouvelle, on parvient à former les unités du quatrième, cinquième, sixième, septième, huitième, etc., ordre, appelées *mille*, *dizaines de mille*, *centaines de mille*, *millions*, *dizaines de millions*, *centaines de millions*, *billions*, *dizaines de billions*, *centaines de billions*, *trillons*, *etc.*, et que, pour les exprimer, on met trois, quatre, cinq, six, sept, huit, neuf, etc., zéros devant leurs chiffres qui se trouvent ainsi placés dans des rangs de plus en plus avancés vers la gauche. Pour obtenir les nombres intermédiaires. on substitue aux zéros tous les nombres déjà exprimés.

22. D. *Quelle est la propriété fondamentale de la* numération?

R. La propriété de la numération est qu'un chiffre, placé à la gauche d'un autre, représente des unités dix fois plus que celles qui sont à sa droite; ainsi, le premier chiffre à droite représente des unités; le second à sa gauche, des *dizaines*; le troisième des *centaines*; le quatrième des *mille*, *etc.*

23. D. *Combien les chiffres ont-ils de* valeurs?

R. Les chiffres ont deux *valeurs*, l'une *absolue*, qui est celle qu'ils ont étant considérés isolément, et l'autre *relative*, qui est celle que leur donne le rang qu'ils occupent. Ainsi, dans 486, la valeur *absolue* du premier chiffre à gauche est 4, et sa valeur *relative* 4 centaines ou quatre cents, parce qu'il est au troisième rang; la valeur *absolue* du second chiffre est 8, et sa valeur *relative* 8 dizaines, parce qu'il est au second rang; le 6 conserve sa valeur *absolue*.

24. D. *Comment écrit-on en chiffres un nombre* entier *quelconque?*

R. On écrit le nombre tel qu'on le dicte, en commençant par la droite, allant vers la gauche, de manière que chaque tranche renferme trois ordres : on en excepte la plus élevée qui peut n'avoir qu'un ordre ou deux; à cet effet, on a soin de mettre un zéro pour chaque ordre d'unités manquant dans une tranche, et trois zéros pour chaque tranche qui ne serait pas nommée. Ainsi pour *six millions*, *quatre-vingt mille*, *trente unités*, on écrira : 6.080.030 ; et pour *quarante billions*, *cent quatre millions*, *cent soixante mille* unités, on exprimera : 40.104.160.000.

25. D. *Que faut-il faire pour énoncer ou lire facilement un* nombre entier *composé de plusieurs chiffres ?*

R. On le partage, en commençant par la droite, en tranches de trois chiffres, excepté la dernière à gauche qui peut en avoir moins de trois ; ensuite on considère la première tranche à droite comme étant celle des unités, la seconde, celle des *mille*, la troisième, celle des *millions*, la quatrième, celle des *billions*, la cinquième, celle des *trillions*, etc. On considère aussi le premier chiffre à droite de chaque tranche, comme représentant les unités de la tranche ; le second, les *dizaines* ; et le troisième, les *centaines :* puis, partant de la gauche, on énonce chaque tranche l'une après l'autre, en observant de passer celles qui ne sont exprimées que par des *zéros*.

26. D. *Lisez le nombre* 467.209.070.503 ?

R. Je partage ce *nombre* en tranches de trois chiffres, en allant de la droite vers la gauche, et j'appelle chacune de ces tranches *unités*, *mille*, *millions*, *billions*, puis je reprends par la gauche en disant : 467 *billions*, 209 *millions*, 070 *mille*, 503 *unités*.

27. D. *Lisez le nombre* 37.208.516.901.410 *mètres ?*

R. Je partage ce *nombre* comme le précédent, j'arrive à la tranche des trillions où je trouve des dizaines et je dis : 37 *trillions*, 208 *billions*, 516 *millions*, 901 *mille*, 410 *unités* ou *mètres*.

LEÇON TROISIÈME.

De la Numération décimale.

28. D. *Que faut-il concevoir de la* numération décimale ?

R. Il faut concevoir une nouvelle *unité* dix fois plus petite que l'*unité simple*, à laquelle on donne le nom de *dixième* ou *déci ;* et cette nouvelle *unité* étant successivement ajoutée à elle-même, donne les nombres *deux dixièmes*, *trois dixièmes*, *quatre dixièmes*, *cinq dixièmes*..., *neuf dixièmes*, qu'on écrit : 0,1 ; 0,2 ; 0,3 ; 0,4 ; 0,5 ; 0,6 ; 0,7 ; 0,8 ; 0,9.

29. D. *Quelle est la fonction de la* virgule *placée entre le zéro et les dixièmes ?*

R. Sa fonction est de séparer les unités dont le zéro tient la place, d'avec les dixièmes qui sont des *parties* dix fois plus petites que l'unité.

30. D. *Pour passer d'un* dixième *à une* unité *dix fois plus petite, appelée* centième *ou* centi, *que faut-il faire ?*

R. Il faut reporter la virgule d'un rang vers la gauche, mais précédée d'un autre zéro, et on a alors cette nouvelle unité appelée *centième* ou *centi*, qui, ajoutée successivement à elle-même, donne les nombres *deux centièmes*, *trois centièmes*, *quatre centièmes*, *cinq centièmes*..., *neuf centièmes*, qu'on écrit : 0,02 ; 0,03 ; 0,04 ; 0,05 ; 0,06 ; 0,07 ; 0,08 ; 0,09 ; de sorte qu'en continuant ainsi d'imaginer de nouvelles unités, chacune dix fois moindre que la précédente, on parvient à former les unités successivement plus petites, appelées *millièmes*, *dix-millièmes*, *cent-millièmes*, *millionièmes*, *dix-millionièmes*, *cent-millionièmes*, *etc.*, qu'on exprime en plaçant leurs chiffres à la droite les uns des autres.

31. D. *Quelle est la manière d'écrire une* fraction décimale ?

R. Toute *fraction décimale* s'écrit d'après son énoncé, en cherchant d'abord combien elle doit renfermer de *décimales*, en exprimant ensuite sa partie significative, c'est-à-dire le nombre qui exprime les *parties énoncées*, et en mettant, s'il est nécessaire, sur la gauche de cette partie, assez de zéros pour qu'il soit possible de séparer autant de *décimales* qu'on en a comptées.

32. D. *Ecrivez en chiffres la fraction décimale* soixante-sept cent-millièmes.

R. J'écris d'abord la partie significative de la fraction 67, qui ne renferme que deux chiffres, et comme les *cent-millièmes* n'arrivent qu'à la cinquième place, je remarque qu'il manque trois décimales que je remplace par trois zéros, en sorte que j'obtiens pour la *fraction* énoncée : 0,00067.

33. D. *Écrivez de même* trente mille huit cents millioniémes.

R. Les *millioniémes* occupant le sixième rang, je remarque qu'il manque une décimale que je remplace par un zéro, en sorte que j'obtiens pour la fraction énoncée : 0,030800

34. D. *Comment s'énonce une* fraction décimale ?

R. Une *fraction décimale* s'énonce comme un nombre entier, en observant seulement de remplacer le mot *unités* par le nom des plus petites parties décimales qu'elle renferme, c'est-à-dire, qu'on prononce sur chaque décimale de la fraction le nom qui lui est propre, et le dernier exprimé est celui qu'on cherche.

35. D. *Enoncez le nom des unités décimales de la moindre espèce, renfermées dans la* fraction : 0,4062578.

R. Sur les chiffres 4, 0, 6, 2, 5, 7, 8, je prononce, en commençant par la gauche, les mots *dixièmes, centièmes, millièmes, dix-millièmes, cent-millièmes, millioniémes, dix-millioniémes*, et le nom demandé sera *dix-millioniémes*.

36. D. *Si la fraction décimale était précédée d'unités entières, ce qu'on appelle* nombre décimal, *que faudrait-il faire ?*

R. Il faudrait d'abord énoncer les unités, ensuite *la fraction décimale*, en observant les règles qui précèdent.

37. D. *Enoncez le* nombre décimal 27,20896.

R. D'après ce qui vient d'être dit, je lirai : *vingt-sept unités, vingt mille huit cent quatre-vingt-seize cents-millièmes.*

TABLEAU

Sur lequel les Élèves apprendront facilement à lire ou à écrire un nombre entier quelconque.

UNITÉS DE 6e TRANCHE ou quatrillons.			UNITÉS DE 5e TRANCHE ou trillions.			UNITÉS DE 4e TRANCHE ou billions.			UNITÉS DE 3e TRANCHE ou millions.			UNITÉS DE 2e TRANCHE ou mille.			UNITÉS DE 1re TRANCHE ou unités simples.		
centaines.	dizaines.	quatrillons.	centaines.	dizaines.	trillions.	centaines.	dizaines.	billions.	centaines.	dizaines.	millions.	centaines.	dizaines.	mille.	centaines.	dizaines.	unités.
							8	7	2	0	4	9	5	1	7	4	2
						4	6	2	9	2	1	0	7	4	5	2	8
					6	0	0	9	0	6	3	7	0	1	2	0	2
				1	7	6	1	3	4	0	0	5	4	0	0	8	6
			5	4	7	1	8	6	0	0	0	9	2	6	0	0	5
		2	0	0	0	7	2	5	1	7	4	0	0	0	2	7	0
	3	7	4	8	9	0	0	0	8	1	7	1	6	9	4	0	1
7	1	5	0	6	4	2	5	2	0	0	4	2	1	7	9	6	0
4	0	0	8	0	3	7	4	0	5	1	9	0	0	2	0	4	0
6	1	9	7	0	0	3	9	4	0	0	0	9	8	5	0	0	9
9	9	9	1	7	8	4	1	6	2	7	4	0	0	0	0	0	0
8	2	7	0	4	3	6	2	5	0	0	6	1	7	0	0	7	4
9	7	2	8	0	9	2	6	3	4	5	1	4	9	3	1	6	7

EXERCICES.

Les maîtres feront écrire, en chiffres arabes, les nombres suivants :

1. Quatre ; onze ; trois ; neuf ; deux ; cinq ; six ; un; sept ; quatorze ; onze ; seize ; dix-huit ; vingt-six ; cinquante ; quatre-vingt ; soixante-dix; quatre-vingt-dix ; soixante-neuf ; soixante-dix ; trente-huit.

2. Cent ; cent neuf ; cent dix-sept ; deux cents ; deux cent quinze ; quatre-vingt-dix-huit ; sept cent six ; huit cent soixante-treize ; neuf cent quatre-vingt-quatorze.

3. Mille neuf ; mille vingt-sept ; mille cinq ; mille cent cinquante ; deux mille quatre ; trois mille huit cent-soixante ; quatre mille cinq cent cinquante-quatre ; cinquante mille quatre-vingt-dix-neuf ; cent mille cent six ; sept cent mille huit cents ; neuf cent mille cinq cent soixante-dix-huit ; six cent mille quatre-vingt-cinq.

4. Un million ; trois millions vingt-neuf ; soixante-quinze millions quatre-vingt-dix-neuf ; neuf cent seize millions cent vingt mille trente-sept.

5. Deux billions cinquante millions six mille quarante-cinq ; cinq cent treize billions cent soixante-dix.

6. Huit billions trois millions cinq mille neuf ; deux cent vingt-sept trillions cent cinquante mille quatre-vingt-quatorze.

7. Trois quatrillions deux billions un million dix-neuf.

LEÇON QUATRIÈME.

Manière de rendre un NOMBRE ENTIER 10 fois, 100 fois, 1.000 fois, etc., plus grand, ou 10 fois, 100 fois, 1.000 fois, etc., plus petit.

38. D. *Que faut-il faire pour rendre un* nombre entier *10 fois, 100 fois, 1.000 fois, etc., plus grand ?*

R. Un *nombre entier* devient 10 fois, 100 fois, 1.000 fois etc., plus grand, selon qu'on écrit sur sa droite, 1, ou 2, ou 3, etc., zéros.

Ainsi, pour rendre le *nombre* 45 dix fois plus grand, j'écris un zéro à sa droite, et j'ai 450, *nombre* 10 fois plus grand que le premier, puisque ses unités sont devenues des dizaines, et ses dizaines des centaines. Pour le rendre 100 fois plus grand, j'écris à sa droite deux zéros, et j'ai 4.500, *nombre* évidemment 100 fois plus grand que le premier, puisqu'au lieu de 45 unités, j'ai 45 centaines. Ainsi de suite pour le rendre 1.000 fois, 10 000 fois, etc., plus grand.

39. D. *Que faut-il faire pour rendre un* nombre entier *10 fois, 100 fois, 1.000 fois, etc., plus petit ?*

R. On sépare sur sa droite, par une virgule, *un*, *deux*, *trois*, *etc.*, chiffres.

Ainsi, pour rendre le nombre 4.500 dix fois plus petit, je sépare le premier chiffre à droite, et j'ai 450,0, *nombre* dix fois plus petit que le premier, puisque les dizaines sont devenues des unités, et les unités des dixièmes. Pour le rendre 100 fois plus petit, je sépare deux chiffres, 1.000 fois, trois, etc.

Manière de rendre un NOMBRE DÉCIMAL, 10 fois, 100 fois, 1.000 fois, etc., plus grand.

40. D. *Que faut-il faire pour rendre un* nombre décimal *10 fois, 100 fois, 1.000 fois, etc., plus grand?*

R. On avance la virgule d'un, de deux, de trois rangs, etc., vers la droite, suivant qu'on veut le rendre 10, 100, 1.000 etc., fois, plus grand.

Ainsi, pour rendre le *nombre* 45,85 dix fois plus grand, je déplace la virgule d'un rang vers la droite, et j'ai 458,5, *nombre* effectivement 10 fois plus grand que le premier, puisque les dixièmes sont devenus des unités, les unités des dizaines, et les dizaines des centaines. Ainsi de suite pour le rendre 100 fois, 1.000 fois, etc., plus grand.

41. D. *Si les* décimales *ne suffisaient pas, par le déplacement de la virgule, pour effectuer l'opération, que faudrait-il faire?*

R. Il faudrait écrire à leur droite autant de zéros qu'il serait nécessaire pour rendre l'opération possible. *Qu'il s'agisse,* par exemple, *de rendre le* nombre *12,5 dix mille fois plus grand;*

D'après ce qui vient d'être dit, je déplace la virgule de quatre rangs vers la droite; mais, comme il n'y a qu'un seul chiffre, je lui ajoute trois zéros, et j'ai 125000, *nombre* effectivement dix mille fois plus grand que le premier, puisque les unités sont devenues des dizaines de mille, et les dizaines des centaines de mille.

42. D. *Que faut-il faire pour rendre un* nombre décimal *10 fois, 100 fois, 1.000 fois, etc., plus petit?*

R. On recule la virgule d'un, de deux, de trois rangs vers la gauche, suivant qu'on veut le rendre 10, 100, 1.000 fois plus petit.

Ainsi, pour rendre le *nombre* 416,45 cent fois plus petit, je recule la virgule de deux rangs vers la gauche, et j'ai 4,1645, *nombre* évidemment 100 fois plus petit que le premier, puisque les centaines sont devenues des unités, les dizaines des dixièmes, les unités des centièmes.

43. D. *Si les chiffres de la partie entière n'étaient pas suffisants par le déplacement de la virgule, pour rendre l'opération possible, que faudrait-il faire?*

R. Il faudrait y suppléer par autant de zéros qu'il serait nécessaire, ayant soin de représenter les unités par un autre zéro suivi de la virgule. *Qu'il s'agisse*, par exemple, *de rendre le* nombre *28,35 dix mille fois plus petit;*

D'après ce qui précède, je recule la virgule de quatre rangs vers la gauche, et j'ai pour résultat 0,002835, *nombre* effectivement dix mille fois plus petit que le précédent, puisque les unités sont devenues des dix-millièmes, et les dixièmes des cent-millièmes.

44. D. *Que faut-il faire pour rendre une* fraction décimale *10 fois, 100 fois, 1.000 fois, etc., plus grande, ou le même nombre de fois plus petite ?*

R. On avance ou on recule la virgule d'un, de deux, de trois rangs, etc., suivant qu'on veut rendre la *fraction* plus grande ou plus petite, et si celle-ci ne contient pas assez de chiffres pour effectuer l'opération, on écrit sur la droite ou sur la gauche, selon le cas, autant de zéros qu'il est nécessaire pour la rendre possible. *Soit*, par exemple, *la fraction décimale 00,26 à rendre 1.000 fois plus grande*,

J'avance la virgule de trois rangs vers la droite, et j'ai 0026, *nombre* 1.000 fois plus grand, puisque les millièmes sont devenus des unités, *Soit encore la* fraction 0,4 à rendre 100 fois plus grande. Comme il n'y a qu'un chiffre et que je dois avancer la virgule de deux rangs vers la droite, j'écris un zéro à la suite du 4, et j'ai pour résultat 040 unités, *nombre* 100 fois plus grand que le précédent, puisque les dixièmes sont devenus des dizaines.

Qu'il s'agisse maintenant de rendre les mêmes fractions 10 *fois,* 100 *fois,* 1.000 *fois, etc., plus petites*, je recule la virgule d'un, de deux, de trois rangs, etc., vers la gauche, et je réponds à la question.

Pour faciliter aux élèves les moyens de lire et d'écrire facilement un *nombre décimal*, ou simplement une *fraction décimale*, je place ci-après le tableau de ces *nombres*, qui leur servira de guide à cet égard.

Cent-billionièmes . . .												6
Dix-billionièmes . . .											4	5
Billionièmes										5	4	3
Cent-millionièmes. . .									9	8	7	6
Dix-millionièmes . . .								1	5	3	4	6
Millionièmes							2	6	9	7	8	0
Cent-millièmes						3	9	2	4	0	1	7
Dix-millièmes.					4	8	0	7	6	5	9	8
Millièmes.				5	7	6	8	9	0	4	3	2
Centièmes			6	2	0	1	7	8	9	3	2	4
Dixièmes		7	5	8	3	4	0	1	6	2	9	6
Unités	1,	2,	3,	4,	5,	6,	7,	8,	9,	4,	6,	3,
Dizaines		9	8	7	6	5	4	3	2	1	0	8
Centaines.			7	6	5	9	0	4	3	2	7	0
Mille				2	3	4	5	6	7	8	9	4
Dizaines de mille . . .					6	5	7	9	4	3	2	4
Centaines de mille . .						2	3	4	5	6	7	8
Millions							9	0	1	2	3	4
Dizaines de millions. .								5	6	7	8	9
Centaines de millions .									9	1	2	3
Billions.										4	5	6
Dizaines de billions . .											7	4
Centaines de billions. .												8

EXERCICES.

Les élèves écriront, *en chiffres*, les nombres décimaux suivants, et auront soin de bien placer la virgule dont ils ne sauraient, sans commettre d'erreurs, violer la propriété.

8. Seize unités, sept dixièmes ; soixante-treize unités, cinq centièmes ; neuf cent six unités, huit millièmes ; onze cent quatre-vingt-neuf unités, dix-huit millièmes ; treize cent six unités, quatre-vingt-quinze centièmes ; seize cent soixante-dix-neuf unités, soixante-quatorze millièmes ; trois unités, mille deux cents millièmes.

9. Sept centièmes ; trente centièmes ; quinze millièmes ; trois cents millièmes ; vingt-sept dix-billionièmes ; quatre-vingt-seize billionièmes ; soixante-dix-sept cent millièmes ; cinq dix-millièmes.

LEÇON CINQUIÈME.

Notions préliminaires du Système métrique.

45. D. *Qu'est-ce que le* système métrique?

R. Le *système métrique* est la classification méthodique des poids et mesures adoptés en France depuis 1793.

46. D. *Pourquoi appelle-t-on ce système*, métrique?

R. On l'appelle *métrique*, parce qu'il dérive du mètre.

47. D. *Qu'est-ce que le* mètre?

R. Le *mètre* est la 40.000.000e partie du méridien terrestre; il sert à mesurer les longueurs.

48. D. *Quelles sont les* unités de mesures *du système métrique* ?

R. Elles sont au nombre de six qui sont : le *mètre*, l'*are*, le *stère*, le *litre*, le *gramme*, et le *franc*.

49. D. *Qu'est-ce que l'*are?

R. L'*are*, unité de superficie, est un carré dont chaque côté à 10 mètres; il équivaut à 100 mètres carrés, ou à 100 carrés d'un mètre de côté.

50. D. *A quoi sert l'*are?

R. A mesurer les terres; il remplace le *jour*, l'*homée, etc.*

51. D. *Qu'est-ce que le* stère?

R. Le *stère* est l'unité qui sert à mesurer le bois de chauffage; il représente un cube dont les côtés ont un mètre de longueur, et qu'on nomme *mètre cube*.

52. D. *Qu'est-ce qu'un* cube?

R. Un *cube* est un solide terminé par six faces égales carrées; les dés à jouer ont la forme cubique; le côté du cube est un quelconque des côtés des carrés qui le composent.

53. D. *Qu'est-ce que le* litre ?

R. Le *litre*, unité de capacité pour les grains et les liquides, représente une contenance d'un décimètre cube, ou d'un cube ayant pour côté le dixième du mètre.

54. D. *Qu'est-ce que le* gramme ?

R. Le *gramme* est l'unité qui sert à peser ; il représente la millième partie du poids d'un litre d'eau distillée et pesée à 4 degrés au-dessus de zéro.

55. D. *Qu'est-ce que le* franc ?

R. Le *franc* est l'unité monétaire ; c'est une pièce d'argent qui pèse cinq grammes, et contient $\frac{9}{10}$ d'argent fin et $\frac{1}{10}$ d'alliage. 200 francs ont le même poids qu'un litre d'eau.

56. D. *Comment multiplie-t-on les* unités de mesures *du système métrique?*

R. En les faisant précéder de l'un des mots suivants tirés du grec : *déca*, qui veut dire dix ; *hecto*, qui veut dire cent ; *kilo*, qui veut dire mille ; *myria*, qui veut dire dix mille ; c'est la série ascendante.

57. D. *Qu'appelle-t-on* multiple ?

R. On appelle *multiple* un nombre qui contient exactement plusieurs fois un autre nombre.

58. D. *Quels sont les* multiples *du mètre ?*

R. Les *multiples* du mètre sont : un *décamètre* pour 10 mètres, un *hectomètre* pour 100 mètres, un *kilomètre* pour 1.000 mètres, un *myriamètre* pour 10.000 mètres ; mais pour les longueurs ordinaires, on compte par mètre. Ainsi on ne dit pas un *décamètre* d'étoffe, mais *dix* mètres.

59. D. *Combien l'are a-t-il de multiples?*

R. L'*are* n'en a qu'un, qui est l'*hectare*. Ainsi on compte par *ares* jusqu'à 100 ; ensuite par *hectares*, dizaines d'*hectares*, centaines d'*hectares*, *etc*.

60. D. *Le* stère *admet-il des multiples?*

R. Il n'en reçoit aucun. Ainsi on dit : *dix* stères, *cinquante* stères, *cent* stères, etc.

61. D. *Le* litre *reçoit-il des multiples?*

R. Il reçoit les trois premiers. Ainsi on dit : un *décalitre*, pour 10 litres ; un *hectolitre*, pour 100 litres ; un *kilolitre*, pour 1.000 litres.

62. D. *Le* gramme *peut-il être précédé de tous les multiples ?*

R. Oui, on dit : un *décagramme* pour 10 grammes ; un

hectogramme, pour 100 grammes; un *kilogramme*, pour 1.000 grammes; un *myriagramme* pour 10.000 grammes.

63. D, *Le* franc *admet-il des multiples?*

R. Non, on dit: *dix* francs, *cent* francs, *mille* francs, etc.

64. D. *Comment divise-t-on les* unités de mesures *du système métrique?*

R. Par ces mots tirés du latin : *déci*, qui veut dire la dixième partie (0,1); *centi*, la centième partie (0,01); *milli*, la millième partie (0,001) : c'est ce qui forme la série descendante.

65. D. *Le* mètre *reçoit-il tous les sous-multiples?*

R. Le *mètre* les admet tous. On dit: un *décimètre* pour la dixième partie du mètre (0,1); un *centimètre*, pour la centième partie du mètre (0,01); un *millimètre*, pour la millième partie du mètre (0,001).

66. D. *L'*are *reçoit-il des sous-multiples?*

R. Il ne reçoit que le *centiare* (mètre carré) pour la centième partie de l'are (0,01); au lieu de dire : 1, 2, 3, 4, etc., *déciares*, on dit: 10, 20, 30, 40, etc., *centiares*.

67. D. *Combien le* stère *reçoit-il de sous-multiples ?*

R. Il ne reçoit que le premier. On dit : un *décistère* pour la dixième partie du stère (0,1).

68. D. *Quels sont les sous-multiples du* litre?

R. Les sous-multiples du *litre*, qui les reçoit tous, sont: un *décilitre* pour la dixième partie du litre (0,1); un *centilitre* pour la centième partie du litre (0,01); un *millilitre* pour la millième partie du litre (0,001).

69. D. *Le* gramme *les reçoit-il aussi?*

R. Le *gramme* les reçoit tous. On dit : un *décigramme*, pour la dixième partie du gramme (0,1); un *centigramme*, pour la centième partie du gramme (0,01); un *milligramme*, pour la millième partie du gramme (0,001).

70. D. *Quels sont les sous-multiples du* franc?

R. Les sous-multiples du *franc* sont : un *décime*, pour la dixième partie du franc (0,1); un *centime*, pour la centième partie du franc (0,01); un *millième*, pour la millième partie (0,001).

71. D. *Le* mètre *étant le type commun duquel on déduit*

*toutes les autres mesures du système, dites comment l'*are *dérive du mètre.*

R. L'*are* dérive du mètre, puisque c'est un carré de dix mètres de côté et de cent mètres de superficie.

72. D. *Dites comment le* stère *dérive du mètre?*

R. Le *stère* dérive du mètre, puisqu'il est un mètre cube.

73. D. *Dites comment le* litre *dérive du mètre?*

R. Le *litre* dérive du mètre, puisqu'il a la contenance d'un décimètre cube.

74. D. *Dites comment le* gramme *dérive du mètre?*

R. Le *gramme* dérive du mètre, puisqu'il est le poids d'un centimètre cube d'eau distillée.

75. D. *Dites comment le* franc *dérive du mètre?*

R. Le *franc* dérive du mètre, puisqu'il pèse cinq grammes et que le gramme dérive du mètre.

Tableau des mesures décimales, montrant sous un coup-d'œil le système méthodique de leur nomenclature.

MESURES DE LONGUEUR.

Noms systématiques.	Valeur en lettres.	Valeur en chiffres.
Myriamètre . .	Dix mille mètres. . . .	10000,000.
Kilomètre. . .	Mille mètres.	1000,000.
Hectomètre . .	Cent mètres.	100,000.
Décamètre . .	Dix mètres	10,000.
Mètre.	(L'unité)	1,000.
Décimètre. . .	Dixième du mètre . . .	0,100.
Centimètre . .	Centième du mètre . .	0,010.
Millimètre. . .	Millième du mètre. . .	0,001.

MESURES DE SUPERFICIE.

Noms systématiques.	Valeur en lettres.	Valeur en chiffres.
. . . .	Dix mille ares	10000,000.
. . . .	Mille ares	1000,000.
Hectare. . . .	Cent ares	100,000.
. . . .	Dix ares.	10,000.

Noms systématiques.	Valeur en lettres.	Valeur en chiffres.
Are	(L'unité)	1,000.
. . . .	Dixième de l'are. . . .	0,100.
Centiare. . . .	Centième de l'are . . .	0,010.
. . . .	Millième de l'are. . . .	0,001.

MESURES POUR LE BOIS DE CHAUFFAGE.

Noms systématiques.	Valeur en lettres.	Valeur en chiffres.
. . . .	Dix mille stères	10000,000.
. . . .	Mille stères	1000,000.
. . . .	Cent stères	100,000.
. . . .	Dix stères	10,000.
Stère	(L'unité)	1,000.
Décistère . . .	Dixième du stère . . .	0,100.

MESURES DE CONTENANCE POUR LES GRAINES ET LES LIQUIDES.

Noms systématiques.	Valeur en lettres.	Valeur en chiffres.
. . . .	Dix mille litres	10000,000.
Kilolitre. . . .	Mille litres.	1000,000.
Hectolitre . . .	Cent litres.	100,000.
Décalitre . . .	Dix litres	10,000.
Litre	(L'unité)	1,000.
Décilitre. . . .	Dixième du litre. . . .	0,100.
Centilitre . . .	Centième du litre . . .	0,010.
Millilitre . . .	Millième du litre. . . .	0,001.

MESURES DE PESANTEUR OU DE POIDS.

Noms systématiques.	Valeur en lettres.	Valeur en chiffres.
Myriagramme .	Dix mille grammes . .	10000,000.
Kilogramme. .	Mille grammes.	1000,000.
Hectogramme .	Cent grammes.	100,000.
Décagramme. .	Dix grammes	10,000.
Gramme . . .	(L'unité)	1,000.
Décigramme. .	Dixième du gramme . .	0,100.
Centigramme .	Centième du gramme .	0,010.
Milligramme. .	Millième du gramme. .	0,001.

MESURES MONÉTAIRES.

Noms systématiques.	Valeur en lettres.	Valeur en chiffres.
. . . .	Dix mille francs	10000,000.
. . . .	Mille francs	1000,000.
. . . .	Cent francs	100,000.
. . . .	Dix francs	10,000.
Franc	(L'unité)	1,000.
Décime	Dixième du franc . . .	0,100.
Centime . . .	Centième du franc. . .	0,010.
Millième . . .	Millième du franc . . .	0,001.

Les maîtres feront écrire à leurs élèves, *en chiffres*, les nombres décimaux suivants, relatifs aux unités de mesures.

10. Cinq myriagrammes cinq kilogrammes huit hectogrammes deux décagrammes six grammes sept décigrammes huit centigrammes.

11. Quinze myriamètres huit kilomètres quatre hectomètres six décamètres neuf mètres huit décimètres deux centimètres.

12. Neuf myriagrammes huit décagrammes trois centigrammes.

13. Sept myriamètres un hectomètre trois mètres sept centimètres.

14. Soixante-dix-huit kilomètres six décamètres cinq décimètres.

15. Vingt hectolitres cinq décalitres huit litres six centilitres.

16. Douze myriagrammes huit décagrammes trois centigrammes.

17. Huit hectolitres neuf décilitres.

18. Dix mille huit cents francs trois décimes.

19. Mille cinq cents francs cinq centimes.

LEÇON SIXIÈME.

De L'Addition.

76. D. *Qu'est-ce que l'*addition ?

R. L'*addition* est une opération par laquelle on réunit

ensemble plusieurs quantités de même espèce pour en former un seul nombre qu'on appelle *somme* ou *total*.

77. D. *Qu'entend-on par* quantités *de même espèce?*

R. On entend des *quantités* qui sont composées d'unités semblables et qui portent le même nom, comme celles de *grammes*, de *litres*, de *stères*, de *francs*. D'où il résulte qu'on peut additionner des grammes avec des grammes, des litres avec des litres, des stères avec des stères, des francs avec des francs.

78. D. *Quel est le* signe *de l'addition?*

R. C'est une petite croix (+) qui veut dire *plus*. Exemple : 8 + 7 + 5 + 6 égalent 26.

79. D. *Ne représente-t-on pas aussi le mot :* égale, *à l'aide d'un signe?*

R. On représente le mot : *égale*, à l'aide de deux lignes parallèles horizontales.

Exemple : 8 + 7 + 5 + 6 = 26, qu'on doit lire : huit plus sept, plus cinq, plus six, égalent 26.

80. D. *Comment place-t-on les* nombres *pour les additionner?*

R. On les place les uns sous les autres, les unités sous les unités, les dizaines sous les dizaines, les centaines sous les centaines, les mille sous les mille, etc.; puis on tire un *trait horizontal* sous le dernier nombre pour le séparer du résultat; ensuite on fait la somme des unités simples; si cette somme ne dépasse pas 9, on l'écrit au-dessous de la colonne des unités, mais si elle surpasse 9, on n'écrit que les unités, et on retient les dizaines qu'elle renferme pour les ajouter à celles de la colonne suivante; on additionne pareillement les dizaines, les centaines, les mille, etc., jusqu'à la dernière colonne à gauche, sous laquelle on écrit la somme telle qu'on la trouve, en avançant d'un rang vers la gauche les dizaines qu'elle peut renfermer.

Exemple : *Un fermier a vendu du blé pour 7.532 francs, de l'orge pour 4.970 francs, de l'avoine pour 6.519 francs : on demande pour combien ce fermier a vendu.*

OPÉRATION.

 7.532
 4.970
 6.519
Somme. . 19.021

En observant la méthode ci-dessus, je commence par additionner les unités en disant : 2 et 9 font 11, ce qui fait une dizaine et une unité, j'écris 1 unité dans le rang des unités et je retiens la dizaine pour la joindre à celles de la colonne des dizaines ; passant ensuite à la colonne des dizaines, je dis : 3 et 7 font 10 ; 10 et 1 font 11, et la dizaine de retenue provenant de la colonne des unités, font douze dizaines, ou 1 centaine et 2 dizaines ; j'écris les 2 dizaines sous la colonne des dizaines et je retiens la centaine pour la porter à la colonne des centaines. Passant à la troisième colonne qui est celle des centaines, je dis : 1 centaine de retenue et 5 font 6 ; 6 et 9 font 15 ; 15 et 5 font 20 centaines ou 2 mille et 0 centaine ; j'écris 0 centaine sous la colonne des centaines, et je retiens les 2 mille pour les ajouter à la colonne des mille. Passant enfin à la quatrième colonne qui est celle des mille, je dis : 2 mille de retenue et 7 font 9 ; 9 et 4 font 13 ; 13 et 6 font 19 dizaines de mille, ou 9 mille et 1 dizaine de mille ; j'écris 9 mille sous la colonne des mille et j'avance la dizaine de mille d'un rang vers la gauche, comme on le voit cidessus.

81. D. *Par quel* côté *commence-t-on l'addition?*

R. On commence l'addition par les chiffres de la première *colonne* à droite, qui est celle des unités.

82. D. *Pourquoi commence-t-on l'addition par les chiffres de la première* colonne *à droite ?*

R. C'est afin de porter les dizaines qui proviennent de l'addition des unités à la *colonne* des dizaines, les centaines qui proviennent de la *colonne* des dizaines à la *colonne* des centaines, et les mille qui proviennent de la *colonne* des centaines à la colonne des mille. Ainsi de suite pour les autres *colonnes*.

LEÇON SEPTIÈME.

De l'Addition des Nombres décimaux.

83. D. *Comment se fait l'addition des* fractions décimales *ou* des nombres décimaux ?

R. Elle se fait en écrivant les unités de même espèce les unes sous les autres, opérant ensuite comme sur les *nombres entiers*, et plaçant la virgule à la somme comme dans les nombres proposés.

Exemple : *Un négociant a vendu du drap pour une somme de 5.783 francs 75 centimes, du blé pour celle de 4.007 francs 65 centimes, du bois pour celle de 819 francs 35 centimes : on demande pour combien ce négociant a vendu.*

OPÉRATION.

	5.783,75
	4.007,65
	819,35
Somme totale. .	10.610,75.

AUTRES EXEMPLES.

	67.854,65	0,4780
	9.237,050	0,025
	90.178,175	0,7105
	604,0275	0,6095
Sommes.	167.873,9025	1,8230

Preuve de l'Addition.

84. D. *Qu'est-ce qu'une* preuve ?

R. C'est une autre opération qu'on fait pour s'assurer de l'exactitude du résultat de la première.

85. D. *Comment fait-on la* preuve *de l'addition ?*

R. En additionnant chaque colonne en sens inverse de la première fois, c'est-à-dire, que si l'on a compté primitivement en descendant, il faut compter en remontant ; si l'on obtient la même somme, l'opération est exacte.

86. D. *Ne pourrait-on pas faire la* preuve *de l'addition par la* soustraction ?

R. Cette *preuve* peut se faire à l'aide de la *soustraction*, mais pour cela, il faut recommencer l'opération par la première colonne à gauche ; retrancher ensuite le nouveau total trouvé de celui obtenu à la première addition et écrire la différence au-dessous de la colonne, en observant que cette différence provient du report des dizaines de la colonne à droite ; continuer la même marche pour les autres colonnes, ayant soin de remarquer que le total de la première addition duquel il faut retrancher, est indiqué par les unités qui sont au-dessous de la colonne, auquel on adjoint les dizaines laissées au-dessous de la colonne précédente. Si l'addition primitive est effectuée sans erreur, on doit trouver *zéro* à la différence de la dernière colonne à droite.

EXEMPLE RELATIF A CE QU'ON VIENT DE DIRE.

```
 7.532
 4.970
 6.519
-------
19.021
 20
   12
    11
     0
```

Pour faire la preuve de cette addition en suivant la méthode ci-dessus, il faut additionner de nouveau tous les chiffres de la première colonne à gauche ; on trouve 17 qu'il faut ôter de 19, il reste 2 qu'on écrit sous 19, et joignant ce 2 au 0, cela fait 20 ; il faut ensuite additionner tous les chiffres de la colonne suivante ; il vient 19 qu'on retranche de 20, il reste 1 qu'on pose et qu'on joint au 2, ce qui donne 12 ; faire de même l'addition de tous les chiffres de la troisième, ce qui donne 11 qu'on retranche de 12, il reste 1 qu'on écrit et qu'on joint à 1, ce qui donne 11 ; faire enfin l'addition de tous les chiffres de la dernière colonne, et on a pour résultat 11, qu'on ôte de 11, il reste 0. D'où il faut conclure que l'addition est effectuée sans erreur.

Les maîtres exerceront leurs élèves en leur faisant additionner en chiffres les problèmes suivants :

20. Un négociant a acheté du blé pour 4.785 francs, du seigle pour 1.963 francs, de l'orge pour 874 francs, de l'avoine pour 2.608 francs : pour quelle somme ce négociant a-t-il acheté ? R. 10.230 francs.

21. Un voyageur a marché pendant quatre jours : le premier jour, il a parcouru trente-cinq kilomètres ; le second, vingt-quatre ; le troisième, dix-huit ; et le quatrième, vingt-cinq : on demande l'espace total de chemin qu'il a parcouru. R. 102 kilomètres.

22. Un pré coûte 2.589,75 centimes, on veut gagner 570 francs 80 centimes : combien faut-il le revendre ? R. 3.160 francs 55 c.

23. On demande la somme totale des nombres : vingt kilomètres sept hectomètres huit décamètres cinq mètres quatre décimètres neuf centimètres ; deux hectomètres cinq décamètres cinq millimètres ;

treize hectomètres trois mètres cinq centimètres. R. 22.338 mètres 545 millimètres.

24. Un propriétaire a vendu 85 stères de bois pour 416 francs 80 centimes, + 60 stères 7 décistères pour 318 francs 15 centimes, + 127 stères 4 décistères pour 637 francs 90 centimes, + 48 stères pour 220 francs 05 centimes : combien a-t-il vendu de stères et quelle somme a-t-il reçue ? R. Il a vendu 321 stères 1 décistère, et il a reçu 1.592 francs 90 centimes.

25. Un riche négociant a acheté une propriété considérable : il a payé les terres labourables 40.850 francs 70 centimes, les prés 37.809 francs 50 centimes, les vignes 4.876 francs 85 centimes, les forêts 98.716 francs 35 centimes, le château et les maisons de ferme 54.898 francs 45 centimes : on demande quelle somme il a versée pour acquérir cette propriété ? R. 237.151 francs 85 cent.

26. Un marchand de vin en a acheté cinq pièces : la première contient 2 hectolitres 9 litres, et coûte 75 francs 80 centimes ; la seconde contient 1 hectolitre 7 décalitres 8 litres, et coûte 68 francs 90 centimes ; la troisième contient 3 hectolitres 5 décilitres et coûte 116 francs 75 centimes ; la quatrième contient 6 hectolitres 18 litres, et coûte 206 francs 05 centimes ; et la cinquième contient 5 hectolitres 70 centilitres, et coûte 187 francs 30 centimes : combien a-t-il acheté de litres de vin, et pour quelle somme ? R. 1.806 litres 20 centilitres ; 654 francs 80 centimes.

27. Un marchand a vendu du drap pour 209 francs 80 centimes, de la mousseline pour 85 francs 90 centimes, du sucre pour 40 francs 50 centimes, du coton pour 306 francs 25 centimes, du café pour 6 francs 85 centimes, du sel pour 427 francs 65 centimes, on demande pour quelle somme ce marchand a vendu ? R. 1.076 francs 95 centimes.

LEÇON HUITIÈME.

De la Soustraction.

87. D. *Qu'est-ce que la* soustraction ?

R. La *soustraction* est une opération par laquelle on retranche un petit nombre d'un plus grand, mais de même espèce, pour connaître de combien le plus grand surpasse le plus petit.

88. D. *Comment nomme-t-on le* résultat *d'une soustraction ?*

R. On le nomme *reste*, *excès* ou *différence*.

89. D. *Pourquoi nomme-t-on le résultat de la soustraction* reste, excès *ou* différence ?

R. Parce que, dans la soustraction, on cherche à connaître ce qui reste du plus grand nombre quand on en a soustrait le plus petit ; ou de combien le plus grand l'emporte sur le plus petit, ou enfin quelle est la différence qui existe entre les deux nombres.

90. D. *Quel est le* signe *de la soustraction ?*

R. Le *signe* de la soustraction est un petit *trait horizontal* (—) qui veut dire *moins*. Exemple : 40—25 = 15, qu'on doit lire 40 *moins* 25 *égale* 15.

91. D. *Comment fait-on la* soustraction ?

R. On écrit le plus petit nombre au-dessous du plus grand, ayant soin de placer les unités de même ordre les unes sous les autres; on souligne le tout ; ensuite, commençant par la droite, on ôte les unités du plus petit nombre de celles du plus grand ; on écrit le reste au-dessous de la même colonne ; on retranche de même les dizaines, les centaines, les mille, etc. Si le chiffre inférieur est égal à son correspondant supérieur, on écrit zéro.

Exemple : *Un marchand a acheté 75.638 kilogrammes de marchandises ; on lui en livre 40.516 : combien doit-il encore recevoir de kilogrammes ?*

OPÉRATION.

Nombre supérieur. 75.638
Nombre inférieur . 40.516

Différence . . . 35.122 kilogrammes qu'il doit encore recevoir.

Après avoir écrit le nombre inférieur sous le nombre supérieur, et en commençant par le chiffre des unités à droite, je dis, 6 ôtés de 8, il reste 2 que j'écris au-dessous ; puis, passant aux dizaines, je dis : 1 ôté de 3, il reste 2 que je pose sous les dizaines. A la troisième colonne, je dis : 5 ôtés de 6 il reste 1 que j'écris sous cette colonne. A la quatrième colonne, je dis : 0 ôté de 5, il reste 5 que je pose dessous. Enfin à la cinquième, je dis : 4 ôtés de 7, il reste 3 que j'écris sous 4, et j'ai pour différence 35.122 kilogrammes qui reviennent au marchand.

92. D. *Quand un* chiffre *du nombre inférieur est plus grand que son* chiffre *correspondant du nombre supérieur, que fait-on?*

R. On augmente *celui-ci* de dix unités qu'on emprunte sur le premier *chiffre* à gauche, qu'il faut ensuite considérer comme l'ayant de moins, lorsqu'on opère sur la colonne suivante.

Exemple : *Un particulier ayant acheté 4.567 stères de bois en a reçu 3.485 : combien lui en revient-il encore?*

OPÉRATION.

Nombre supérieur. 4.567
Nombre inférieur . 3.485
Différence . . . 1.082 stères qui lui reviennent.

Pour résoudre cette question, je dis : 5 ôtés de 7, il reste 2 que je pose au-dessous ; ensuite 8 ne peuvent pas s'ôter de 6 ; j'ajoute à 6, dix unités que j'emprunte en prenant une unité sur son voisin 5, et je dis : 8 ôtés de 16, il reste 8 que j'écris sous les dizaines ; le 5 sur lequel j'ai emprunté ne valant plus que quatre, je dis : 4 ôtés de 4, il reste 0 que j'écris sous les centaines ; enfin, passant à la quatrième colonne, je dis : 3 ôtés de 4, il reste 1 que j'écris sous les mille. D'où il résulte qu'il revient à ce particulier la quantité de 1.082 stères de bois.

93. D. Si les chiffres *sur lesquels on doit emprunter sont des zéros, que faut-il faire?*

R. Il faut emprunter une unité sur le premier *chiffre significatif* à gauche, mais comme cette unité vaut dix dizaines de l'ordre qui suit immédiatement, on en pose 9 sur chaque zéro suivant jusqu'au dernier *chiffre* auquel la dernière dizaine est ajoutée.

Exemple : *Un boulanger doit à son meunier la somme de 5.006 francs, il lui paie celle de 3.729 francs : combien doit-il encore?*

OPÉRATION.

Nombre supérieur.	5.006
Nombre inférieur .	3.729
Reste	1.277

Comme je ne puis ôter 9 de 6, ni faire d'emprunt sur les zéros suivants, j'emprunte sur le premier chiffre significatif à gauche qui est 5 ; cet 1 que j'emprunte vaut mille, je laisse 9 cents en place du zéro qui est dans la colonne des cents; je décompose la centaine qui me reste en dix dizaines, j'en place 9 sur le 0 qui occupe la colonne des dizaines, il me reste une dizaine qui vaut 10 unités auxquelles j'ajoute 6, et je dis : 9 ôtés de 16, il reste 7 que j'écris sous les unités ; puis, 2 ôtés de 9, il reste 7 que j'écris sous les dizaines; ensuite 7 ôtés de 9, il reste 2 que j'écris sous les centaines; et enfin 3 ôtés de 4, il reste 1 que j'écris sous les mille.

Par ce procédé, on voit que les *zéros* doivent être considérés comme valant 9, et le 5 ne valant plus que quatre. Il faut donc retrancher 9 de 16, 2 de 9, 7 de 9, et 3 de 4.

AUTRES EXEMPLES.

Nombres supérieurs.	84.020	30.625	47.000
Nombres inférieurs .	73.546	17.649	28.147
	10.474	12.976	18.853

LEÇON NEUVIÈME.

De la Soustraction des Nombres décimaux.

94. D. *Comment se fait la soustraction des* nombres décimaux ?

R. Elle se fait comme celle des *nombres entiers*, ayant soin de compléter, par des zéros, toutes les *décimales* qui pourraient manquer dans l'une ou l'autre fraction, pour que leur nombre devienne le même dans les deux fractions, et de placer la virgule au résultat comme elle se trouve écrite dans les nombres proposés.

95. D. *Pourquoi complète-t-on, par des zéros, les* décimales *qui manquent, et porte-t-on son attention sur la place que doit occuper la virgule?*

R. On complète les *décimales* par des zéros, afin de faciliter l'opération; et on porte son attention sur la place que doit occuper la *virgule*, afin de déterminer l'espèce des parties qui arrivent à la différence.

Exemple : *Un marchand a acheté 4.852 mètres 45 centimètres de drap, il n'en a reçu que 4.627 mètres 725 millimètres : combien doit-il encore en recevoir ?*

Comme la fraction du nombre inférieur renferme trois *décimales*, et que la fraction du nombre supérieur n'en renferme que deux, j'écris un zéro sur la droite de celle-ci, ce qui ne change pas sa valeur, et j'ai 4.852,450 desquels je retranche 4.627,725.

OPÉRATION.

Nombre supérieur.	4.852m,450
Nombre inférieur .	4.627 ,725
Reste.	224m,725es

Soit encore : *Un riche propriétaire achète un bien pour 36.847 francs 5 décimes, il paie comptant 29.789 francs 475 millièmes : combien ce propriétaire redoit-il ?*

En ajoutant deux zéros sur la droite du nombre supérieur, l'opération revient à ôter 29.789,475 de 36.847.500.

OPÉRATION.

Nombre supérieur.	36.847,500
Nombre inférieur .	29.789,475
Reste.	7.058,025es que ce négociant redoit.

AUTRES EXEMPLES.

	6.074,75	7,542,7	0,780
	5.483,90	6.478,525	0,675056
Restes.	0.590,85.	1.064,175.	0,104944

Pour résoudre ces trois opérations dans lesquelles on n'a pas suppléé aux décimales, les élèves suivront exactement la méthode qui précède.

Preuve de la Soustraction.

96. D. *Comment se fait la preuve de la soustraction ?*

R. En ajoutant la différence au plus petit *nombre;* si la somme est égale au plus *grand*, l'opération est exacte.

EXEMPLES AVEC PREUVES:

De . . .	4.758,75	437,285	87,8356
Otez . .	4.627,54	428,174	79,7427
Restes. .	131,21	9,111	8,0929
Preuves.	4.758,75	437,285	87,8356

En effet, la différence exprimant ce qui manque au plus petit *nombre* pour valoir le plus *grand*, si on la lui ajoute, on doit nécessairement obtenir ce dernier.

EXERCICES SUR LA SOUSTRACTION.

28. En **1848**, il est né en France **967.895** enfants, et **946.329** en **1849** : de combien les naissances de **1848** surpassent-elles celles de **1849**? R. De **21.566** enfants.

29. Un négociant est riche à **948.230** francs **95** centimes, mais ses dettes s'élèvent à **349.356** francs **30** centimes : quelle est la fortune réelle de ce négociant? R. **598,874** francs **65** centimes.

30. Un marchand d'avoine en avait acheté **8.725** litres, il en a déjà reçu **7.548** litres **75** centilitres : combien doit-il encore en recevoir ? R. **1.176** litres **25** centilitres.

31. Deux particuliers, pour faire un commerce, ont composé un capital de **35.824** francs **80** centimes ; la mise du premier s'élevait à **19.496** francs **40** centimes : on demande quelle était celle du second ? R. **16,328** francs **40** centimes.

32. Un négociant a acheté une forêt de la contenance de **45** hectares **69** ares **40** centiares ; il en a cédé **25** hectares **10** ares : quelle est la contenance qui reste à ce négociant ? R. **20** hectares **59** ares **40** centiares.

33. La différence de deux nombres est **1.765**, le plus petit est **3.085** ; quel est le plus grand ? R. **4.850**.

34. Un épicier a acheté **28** kilogrammes **20** grammes de marchandises pour **4.850** francs **50** centimes ; on lui en a livré seulement **15** kilogrammes **16** décagrammes pour **2.624** francs **32** centimes : combien d'hectogrammes doit-il encore recevoir, et pour quelle somme ? R. **128** hectogrammes **6** grammes pour **2.226** francs **18** centimes.

35. Un terrassier avait 685 mètres d'ouvrage à faire, il en a fait 496 mètres 720 millimètres : combien lui en reste-t-il à faire ? R. 188 mètres 28 centimètres.

36. Un tisserand avait à faire 187 mètres 50 centimètres de toile, il en a fait 109 mètres 8 décimètres : combien lui en reste-t-il à faire ? R. 77 mètres 70 centimètres.

37. Un propriétaire de forêts avait en magasin 9.085 stères de bois, il en vend 7.490 stères 4 décistères : combien lui en reste-t-il ? R. 1.594 stères 6 décistères.

38. Quelle somme faut-il ajouter à 15.097 francs pour avoir 20.854 francs 80 centimes ? R. 5.757 francs 80 centimes.

39. Un homme naquit en 1789, quel âge aura-t-il en 1853 ? R. 64 ans.

40. Une armée de 80.000 hommes en a perdu 6.160 dans une bataille : on demande le nombre d'hommes qui lui reste ? R. 73,840 hommes.

41. Un percepteur a reçu en avril 4.760 francs 80 centimes, en mai 5.825 francs 20 centimes, en juin 6.215 francs 7 décimes ; il a payé des mandats en avril pour 3.125 francs 50 centimes, en mai pour 4.760 francs 90 centimes, en juin pour 4.875 francs 75 centimes : on demande la situation de sa caisse au premier juillet ? R. 4.039 francs 55 centimes en caisse.

LEÇON DIXIÈME.

De la Multiplication.

97. D. *Qu'est-ce que la* multiplication?

R. La *multiplication* est une opération par laquelle on répète un nombre, appelé *multiplicande*, autant de fois que l'indique un autre nombre, appelé *multiplicateur*, pour obtenir un résultat qu'on nomme *produit*.

Ainsi multiplier 9 par 7, c'est répéter 7 fois le multiplicande 9 ; ou pour avoir le prix de 9 mètres de drap à 7 francs le mètre, il faut prendre 9 fois 7 francs pour avoir 63 francs.

98. D. *Comment peut-on encore définir la* multiplication ?

R. Une opération qui a pour but de trouver un nombre

qui soit à l'égard du multiplicande ce qu'est le multiplicateur à l'égard de l'unité; c'est-à-dire que, si le *multiplicateur* égale 2 fois, 9 fois, 30 fois, etc., l'unité, le nombre cherché égalera 2 fois, 9 fois, 30 fois, etc., le *multiplicande*, et que, si le *multiplicateur* n'égale que la 2e, la 9e, la 30e etc., partie de l'unité, le nombre demandé n'égalera que la 2e, la 9e, la 30e etc., partie du *multiplicande*.

99. D. *Que renferme la* multiplication?

R. Trois *nombres* d'une dénomination différente: le premier s'appelle *multiplicande*, ou nombre à multiplier; le second *multiplicateur*, et le troisième qui est le résultat de la règle, se nomme *produit*.

100. D. *Comment connaît-on le* multiplicande?

R. On connaît le *multiplicande*, en ce qu'il est de même nature que le produit cherché.

101. D. *Qu'est-ce que le* multiplicateur?

R. Le *multiplicateur* est le nombre qui marque combien de fois il faut répéter le multiplicande.

102. D. Quels *noms* donne-t-on *au multiplicande et au multiplicateur par rapport au produit?*

R. On les nomme *facteurs* du produit, parce qu'ils concourent à former le produit.

103. D. *Quel est le* signe *de la multiplication?*

R. Le *signe* $\times$, qui veut dire multiplié par, est le *signe* de la multiplication. Ainsi $9 \times 7 = 63$, et s'énonce 9 multiplié par 7 égale 63.

104. D. *Qu'est-ce que répéter un* nombre *autant de fois qu'il y a d'unités dans un autre?*

R. C'est l'ajouter à lui-même autant de fois qu'il y a d'unités dans le multiplicateur. Ainsi $9 \times 7 = 63$, comme $9 + 9 + 9 + 9 + 9 + 9 + 9 = 63$. D'où il résulte que la *multiplication* est l'abrégé de l'*addition*.

105. *Que faut-il savoir pour faire facilement la* multiplication?

R. Il faut savoir le *livret*, parce que c'est du livret que dépend l'art de bien compter.

TABLE DE LA MULTIPLICATION.

2 fois	1 font	2
2	2	4
2	3	6
2	4	8
2	5	10
2	6	12
2	7	14
2	8	16
2	9	18
2	10	20
2	11	22
2	12	24

3 fois	1 font	3
3	2	6
3	3	9
3	4	12
3	5	15
3	6	18
3	7	21
3	8	24
3	9	27
3	10	30
3	11	33
3	12	36

4 fois	1 font	4
4	2	8
4	3	12
4	4	16
4	5	20
4	6	24
4	7	28
4	8	32
4	9	36
4	10	40
4 fois	11 font	44
4	12	48

5 fois	1 font	5
5	2	10
5	3	15
5	4	20
5	5	25
5	6	30
5	7	35
5	8	40
5	9	45
5	10	50
5	11	55
5	12	60

6 fois	1 font	6
6	2	12
6	3	18
6	4	24
6	5	30
6	6	36
6	7	42
6	8	48
6	9	54
6	10	60
6	11	66
6	12	72

7 fois	1 font	7
7	2	14
7	3	21
7	4	28
7	5	35
7	6	42
7	7	49
7 fois	8 font	56
7	9	63
7	10	70
7	11	77
7	12	84

8 fois	1 font	8
8	2	16
8	3	24
8	4	32
8	5	40
8	6	48
8	7	56
8	8	64
8	9	72
8	10	80
8	11	88
8	12	96

9 fois	1 font	9
9	2	18
9	3	27
9	4	36
9	5	45
9	6	54
9	7	63
9	8	72
9	9	81
9	10	90
9	11	99
9	12	108

10 fois	1 font	10
10	2	20
10	3	30
10	4	40

10 fois	5 font	50	11 fois	4 f.	44	12 fois	3 f.	36
10	6	60	11	5	55	12	4	48
10	7	70	11	6	66	12	5	60
10	8	80	11	7	77	12	6	72
10	9	90	11	8	88	12	7	84
10	10	100	11	9	99	12	8	96
10	11	110	11	10	110	12	9	108
10	12	120	11	11	121	12	10	120
11 fois	1 font	11	11	12	132	12	11	132
11	2	22	12 fois	1 font	12	12	12	144
11	3	33	12	2	24			

106. D. *A quoi sert cette* table ?

R. Elle sert à trouver le produit de deux nombres multipliés l'un par l'autre. Ainsi pour connaître le produit de 9 multiplié par 9, on trouve dans la *table* que $9 \times 9 = 81$.

107. D. *Comment pose-t-on la* multiplication ?

R. On pose le *multiplicateur* sous le *multiplicande*, et on tire un trait horizontal sous le *multiplicateur* pour le séparer du *produit*.

108. D. *Comment multiplie-t-on un* multiplicande *composé de plusieurs chiffres par un* multiplicateur *n'en renfermant qu'un ?*

R. On multiplie successivement, en commençant par la droite, chaque chiffre du *multiplicande* par le *multiplicateur*, on écrit le *produit* des unités sous les unités, ainsi de suite pour les autres colonnes, et si l'un des produits partiels donne des dizaines, on n'écrit que les unités, et on retient les dizaines pour les ajouter au produit suivant.

Exemple : *Un propriétaire a acheté trois hectares de forêt, à raison de 6.347 francs l'hectare : on demande quelle somme ce propriétaire a déboursée ?*

OPÉRATION.

Multiplicande.	6.347
Multiplicateur.	3
Produit . .	19.041f

Pour faire cette opération, je commence à droite par les unités, et je dis : 3 fois 7 font 21 ; j'écris 1 sous les unités et je retiens 2 dizaines pour les ajouter au produit des dizaines ; je passe au second chiffre et je dis 3 fois 4 font 12, c'est-à-dire, 12 dizaines, plus 2 dizaines de retenue font 14 dizaines ; je place 4 dizaines et je retiens 1 centaine pour l'ajouter au troisième produit que j'obtiens en disant : 3 fois 3 font 9, et 1 de retenue font 10, c'est-à-dire, 10 centaines ou 1 mille ; je pose 0 sous les centaines, et je retiens 1 mille pour le joindre au quatrième produit que je forme en disant : 3 fois 6 font 18, et 1 de retenue font 19, que j'écris en entier, parce que le *multiplicande* est épuisé.

Le nombre 19.041 est le produit demandé ; il contient trois fois le *multiplicande*, car il renferme 3 fois les unités, 3 fois les dizaines, 3 fois les centaines, et 3 fois les mille. 19.041 francs sont donc la somme que le propriétaire a déboursée.

109. D. *Comment multiplie-t-on un* multiplicande *d'un seul chiffre par un* multiplicateur *renfermant plusieurs chiffres ?*

R. Pour faciliter la multiplication, on met le *multiplicande* sous le *multiplicateur*, sans que, pour cela, on obtienne un produit différent. En effet, *soit à multiplier 6 par 4*, je dis que le produit de $6 \times 4 = 24$ comme le produit de $4 \times 6 = 24$.

Soit encore 24 à multiplier par 7, je dis que le produit de $24 \times 7 = 168$ comme le produit de $7 \times 24 = 168$.

D'où il résulte qu'en renversant l'ordre des facteurs on ne change rien aux deux produits qui doivent être *égaux*, et qu'on rend, dans ce cas, l'opération plus facile.

110. D. *Comment peut-on savoir que, pour résoudre un* problème, *il faut faire une multiplication ?*

R. On doit faire une *multiplication* lorsque, connaissant le prix de l'unité, on demande celui de plusieurs de même espèce.

Qu'il s'agisse, par exemple, *de déterminer le prix de 45 hectolitres de vin, lorsqu'on veut vendre l'hectolitre 25 fr.*

Dans ce problème, le prix de l'hectolitre est déterminé, et l'on demande celui de 45 ; le produit de 45 égalera évidemment 45 fois celui de l'hectolitre, ou 28 × 45 = 1.260 : la solution de ce *problème* exige donc une multiplication.

111. D. *Comment multiplie-t-on lorsque le* multiplicande *et le* multiplicateur *sont composés de plusieurs chiffres ?*

R. On fait autant de produits partiels qu'il y a de chiffres dans le *multiplicateur*, c'est-à-dire qu'après avoir multiplié par les unités, on multiplie successivement par les dizaines, les centaines, les mille, les dizaines de mille, etc. ; mais on avance le produit des dizaines d'un rang vers la gauche, celui des centaines, de deux rangs ; celui des mille, de trois rangs ; celui des dizaines de mille, de quatre rangs ; et ainsi de suite, de manière que le premier chiffre à gauche d'un produit se trouve exactement placé dans l'ordre de celui par lequel on multiplie ; on tire ensuite un trait horizontal sous le dernier produit partiel pour le séparer du résultat ; enfin on fait la somme de tous les divers produits, et cette somme est le *produit total*.

112. D. *Pourquoi avance-t-on d'un rang le* produit *des dizaines*, *de deux* celui *des centaines*, *de trois* celui *des mille, etc ?*

R. Parce que le *produit* d'un nombre multiplié par des dizaines, est dix fois plus grand que s'il était multiplié par des unités.

En effet, 10, qui est le plus petit nombre qui exprime des dizaines, multiplié par 1, qui est le plus petit nombre qui exprime des unités, donne 10 ; c'est par la même raison qu'en multipliant des unités par des centaines, on obtient des centaines, et qu'on en porte le produit sous les centaines, et ainsi de suite pour les mille, les dizaines de mille, etc.

Exemple : *Combien coûteront 385 mètres de drap, à raison de 24 francs le mètre ?*

OPÉRATION.

Multiplicande.	24	
Multiplicateur.	385	
	120	produit des unités.
	1 92	produit des dizaines.
	7 2	produit des centaines.
	9.240	somme des produits partiels.

Après avoir placé le *multiplicateur* 385 sous le *multiplicande* 24, comme l'indique la règle, je multiplie 24 par les 5 unités du multiplicateur, ce qui donne 120 unités pour premier produit partiel que j'écris au-dessous du trait en posant son premier chiffre 0 dans le rang des unités ; je multiplie de même 24 par le chiffre 8 du multiplicateur, et j'obtiens 192 dizaines pour second produit partiel que je place sous le premier produit obtenu, mais en écrivant le chiffre 2 au rang des dizaines ; je multiplie enfin 24 par les 3 centaines du multiplicateur, et j'obtiens 72 pour troisième et dernier produit partiel que j'écris sous le second, en plaçant son premier chiffre 2 dans le rang des centaines ; faisant la somme de ces produits partiels, je trouve 9.240 francs pour le prix de 385 mètres, à raison de 24 francs le mètre.

Les élèves, pour s'exercer, feront bien de répéter les multiplications suivantes :

```
      74.265            92.763             85.627
         684               789              3.258
   ---------         ---------          ---------
     297 060           834 867            685 016
    5 941 20          7 421 04           4 281 35
   44 559 0          64 934 1           17 125 4
   ----------        ----------         256 881
   50.797.260        73.190.007         -----------
                                        278.972.766
```

113. D. *Comment fait-on la multiplication lorsque le* multiplicande *est terminé par un ou plusieurs zéros?*

R. On écrit *zéro* aux différents produits partiels à la place qu'occuperait le produit des chiffres significatifs.

Soit à multiplier 4.500 par 45.

OPÉRATION.

```
    4.500 multiplicande.
       45 multiplicateur.
  -------
   22 500
  180 00
  -------
  202.500
```

114. D. *Comment fait-on la multiplication lorsque le* multiplicateur *est terminé par un ou plusieurs zéros?*

R. On écrit au produit, sous ces zéros, autant de zéros

qu'il y en a au *multiplicateur*, ensuite on multiplie avec le premier chiffre significatif du *multiplicateur* et l'on écrit son produit à la gauche des zéros.

Soit à multiplier 45 par 4.500.

OPÉRATION.

Multiplicande .	45
Multiplicateur.	4.500
	22 500
	180
Produit .	202.500

115. D. *Peut-on abréger la multiplication lorsque le* multiplicande *et le* multiplicateur *sont terminés par des zéros.*

R. On le peut; mais dans ce cas, on doit faire la multiplication sans avoir égard aux zéros, en observant seulement d'en écrire, à la droite du produit obtenu, autant qu'il y en a dans les deux facteurs.

Soit, par exemple, *à multiplier 42.670 par 3.800.*

OPÉRATION.

Multiplicande .	42670
Multiplicateur.	3800
	34136
	12801
Produit . .	162.146.000

116. D. *Si on négligeait d'écrire les trois zéros à la droite du* produit, *qu'en résulterait-il?*

R. Qu'on rendrait le *produit* 1.000 fois plus petit; que, pour ramener ce dernier à sa juste valeur, il suffit de le rendre 1.000 fois plus grand, en écrivant à sa droite les trois zéros qu'on avait négligés d'abord.

AUTRES EXEMPLES RELATIFS A LA RÈGLE PRÉCÉDENTE.

84.567	46.00	39.400
8.000	2 57	6.200
676.536	3 22	78 8
676.536.000	23 0	2364
	92	244.2 80.000
	1.18 2.200	

117. D. *Que fait-on quand le* multiplicande *renferme des zéros entre les chiffres significatifs ?*

R. On écrit au produit la retenue du produit précédent, s'il y en a, dans le cas contraire, on pose zéro.

Soit, par exemple, *à multiplier 20.705 par 67.*

OPÉRATION.

Multiplicande.	20.705
Multiplicateur.	67
	144 935
	1 242 30
Produit. .	1.387.235

118. D. *Que fait-on quand le* multiplicateur *renferme des zéros entre les chiffres significatifs ?*

R. On les descend au produit, et on passe au chiffre suivant.

Exemple : *Un commerçant a vendu 203 hectolitres d'eau-de-vie, à raison de 105 francs l'hectolitre : quelle somme doit-il recevoir ?*

OPÉRATION.

Multiplicande.	105
Multiplicateur.	203
	315
	21 00
Produit. .	21.315f que le négociant doit recevoir.

119. D. *Comment forme-t-on le* produit *de plus de deux nombres ?*

R. On multiplie le premier par le second, puis le produit de ceux-ci par le troisième, ce nouveau résultat par le quatrième, et ainsi de suite jusqu'à ce que tous les facteurs proposés soient épuisés.

Exemple : *Quel est le* produit total *des nombres 4, 6, 8, 7 et 3?*

En observant ce qui précède, j'ai : 4×6=24; 24×8=192; 192×7=1.344; 1.344×3=4.032 pour le *produit* demandé.

120. D. *Comment fait-on la multiplication d'un* nombre *par 10, par 100, par 1.000, etc?*

R. Pour multiplier un *nombre* par 10, il suffit d'ajouter un 0 à sa droite; par 100, deux; par 1.000, trois, etc.

Exemple : 67×10=670; 67×100=6.700; 67×1.000=67.000. En général, il suffit d'ajouter à la droite du *multiplicande* autant de zéros qu'il y en a à la suite de l'unité.

LEÇON ONZIÈME.

De la Multiplication des Nombres décimaux.

121. *Comment se fait la multiplication des* nombres décimaux?

R. Comme celle des *nombres entiers*, seulement on opère sans faire attention à la virgule, et on sépare sur la droite du produit autant de décimales qu'il y en a dans les deux facteurs proposés.

Exemple : *Un négociant a acheté 45 mètres 65 centimètres d'étoffe, à raison de 12 francs 75 centimes le mètre : quelle est la somme que ce négociant a versée?*

OPÉRATION.

Multiplicande.	12,75
Multiplicateur.	45,65
	63 75
	765 0
	6375
	5100
Produit . .	582,0375

Autre exemple : *soit* 0,5374 × 3.452 = 1.855,1048.

122. D. *S'il arrivait qu'il n'y eût pas assez de chiffres au* produit *pour pouvoir séparer toutes les décimales qui seraient renfermées dans les deux facteurs proposés, que faudrait-il faire ?*

R. Il faudrait ajouter sur la droite du *produit* autant de zéros qu'il y aurait de décimales de moins dans celui-ci que dans les deux facteurs, afin de rendre la séparation possible.

Exemple : *Qu'il s'agisse de multiplier 0,0634 par 0,0254 ?*

OPÉRATION.

Multiplicande.	0,0634
Multiplicateur.	0,0254
	2536
	3 170
	12 68
Produit.	0,0016 1036

Les deux facteurs renfermant chacun quatre décimales, le produit doit en avoir huit, plus le zéro à gauche de la virgule pour tenir lieu des unités.

123. D. *A quoi sert la* virgule *qu'on met entre les unités et les décimales du produit ?*

R. Elle sert à faire connaître, lorsque la multiplication est terminée, quelles sont les unités et les décimales du produit.

124. D. *Peut-on se dispenser de placer la* virgule *au produit ?*

R. Non ; car, en opérant sans avoir égard à la *virgule*, on rend chaque facteur autant de fois 10 fois plus grand qu'il renferme de décimales, et le produit a subi la même augmentation ; mais, en séparant sur la droite de celui-ci autant de décimales qu'il y en a dans les deux facteurs, il devient autant de fois plus petit qu'il avait été d'abord rendu plus grand ; ce qui a rétabli la valeur du premier résultat et fait qu'on obtient le véritable produit des nombres décimaux proposés.

125. D. *Que faut-il faire pour multiplier un* nombre décimal *par 10, par 100, par 1.000, etc?*

R. Pour multiplier un nombre *décimal* par 10, on avance la virgule d'un rang vers la droite. Exemple : 4,025 × 10 = 40,25 ; par 100, on l'avance de deux rangs, Exemple : 4,025 × 100 = 402,5 ; par 1.000, on l'avance de trois rangs, Exemple : 4,025 × 1.000 = 4.025 : d'où il résulte que 4.025 est évidemment 1.000 fois plus grand que 4,025, puisque les unités sont devenues des mille, et les millièmes des unités.

126. D. *Que peut-on conclure de la multiplication d'un nombre entier multiplié ou par un* dixième, *ou par un* centième, *ou par un* millième ?

R. Qu'on rend le *nombre entier* ou 10 fois, ou 100 fois, ou 1.000 fois, etc., plus petit, suivant qu'on le multiplie ou par 0,1, ou par 0,01, ou par 0,001. Exemple : 16 × 0,1 = 1,6 ; 16 × 0,01 = 0,16 ; 16 × 0,001 = 0,016 : d'où il résulte que 0,016 est 1.000 fois plus petit que 16. N° 39.

127. D. *Quelles conséquences peut-on tirer de la* multiplication ?

R. Les suivantes sont les principales :

1° Que, si le *multiplicateur* est l'unité, le produit sera égal au *multiplicande*. Exemple : 37 × 1 = 37.

2° Que, si le *multiplicateur* est plus grand que l'unité, le produit sera plus grand que le *multiplicande*. Exemple : 37,25 × 19 = 707,75.

3° Que, si le *multiplicateur* est plus petit que l'unité, le produit sera moindre que le *multiplicande*. Exemple : 48 × 0,25 = 12,00.

128. D. *A quoi sert la* multiplication ?

R. Elle sert :

1° A trouver le produit de deux nombres, comme 8 × 6 = 48.

2° A faire connaître le prix de plusieurs objets quand on connaît celui d'un seul. Exemple : 12 stères de bois à 3 francs 50 centimes le stère = 42 francs 00.

3° A réduire des unités principales en leurs sous-espèces, comme des kilomètres en mètres; des kilogrammes en hectogrammes, décagrammes, grammes; des hectares en ares, etc.

4° Enfin à faire la preuve de la division, preuve qui se fait en multipliant le diviseur par le quotient, ce qui doit donner le dividende pour *produit*.

129. D. *Comment fait-on la* preuve *de la multiplication?*

R. La *preuve* de la multiplication se fait de trois manières différentes :

1° Par une autre multiplication dont l'un des facteurs est 2 fois, 3 fois, 4 fois, etc., plus grand ; et l'autre 2 fois, 3 fois, 4 fois, etc. plus petit que ceux de la règle et le produit doit être égal ;

2° En recommençant la multiplication, après avoir changé l'ordre des facteurs pour avoir le même résultat que celui obtenu en premier lieu ;

3° Enfin, en divisant le produit total par l'un des facteurs pour retrouver l'autre facteur au quotient.

Exemple : *Qu'il s'agisse de vérifier si le nombre 27.615 est le vrai produit de 263 × 105.*

D'après la méthode de 1°, je prends le tiers du multiplicateur 105, il est de 35 ; ensuite je multiplie le multiplicande 263 par 3, ce qui donne 789 : 789 × 35 = 27.615 ; d'où il résulte que la première opération est exacte.

En renversant l'ordre des facteurs, on aura 105 × 263 = 27.615.

Enfin, en divisant 27.615 par 263, le quotient sera 105.

QUESTIONS SUR LA MULTIPLICATION.

42. Que faut-il payer pour 916 stères de bois à 4 francs le stère? R. 3.664 francs.

43. Combien coûtent 87 hectolitres de vin à 29 francs l'hectolitre? R. 2.523 francs.

44. Un tailleur de pierres gagne 4 francs par jour, combien gagnera-t-il en 10 jours, 100 jours, 1.000 jours? R. En 10 jours 40 francs, en 100 jours 400 francs, en 1.000 jours 4.000 francs.

45. Combien coûteront 409 hectolitres de blé, si l'hectolitre coûte 18 francs? R. 7.362 francs.

46. Quelle somme faut-il payer à 80 ouvriers dont 25 ont travaillé pendant 45 jours à 5 francs par jour, et les autres pendant 27 jours à raison de 3 francs par jour. R. 10.080 francs.

47. Que faut-il payer pour 418 kilogrammes 7 hectogrammes 9

grammes de sucre, à 1 franc 80 centimes le kilogramme. R. 755 francs 6762 dix-millièmes.

48. Dans une entreprise faite par un marchand, 1 franc lui a rapporté 0 franc 18 centimes de bénéfice; les fonds employés s'élevaient à 36.890 francs : on demande quel a été son bénéfice. R. 6.640 francs 20 centimes.

49. Un marchand épicier a acheté 5 tonneaux de harengs, contenant chacun 420 harengs; s'il les vend 0 franc 09 centimes la pièce, quelle somme recevra-t-il? R. 189 francs.

50. Un marchand a acheté 815 kilogrammes de sel à 0 franc 40 centimes le kilogramme, 319 mètres 7 décimètres de mousseline à 1 franc 05 centimes le mètre, 117 kilogrammes de farine à 0 franc 65 centimes le kilogramme, 25 hectolitres 8 décalitres 9 litres de vin à 54 francs 50 centimes l'hectolitre : on demande combien il doit payer? R. 1.629 francs 94 centimes.

51. Un négociant a acheté 327 mètres 45 centimètres de drap à 12 francs 80 centimes le mètre, il le revend 14 francs 90 centimes le mètre : quelle somme a-t-il versée et quel sera son bénéfice? R. Il a versé : 4.191 francs 36 centimes; il a gagné : 687 francs 645 millièmes.

52. Quelle somme faut-il payer pour 98 douzaines de couteaux, lorsque le couteau coûte 0 franc 45 centimes? R. 529 francs 20 centimes.

53. Seize bûcherons abattent ensemble 216 arbres par jour : combien en couperont-ils en 87 jours? R. 18.792

54. Un fermier conduit au marché 85 sacs de blé contenant chacun 15 décalitres 8 décilitres; combien recevra-t-il pour son blé, s'il le vend 16 francs 95 centimes l'hectolitre? R. 2.172 francs 651 millièmes.

55. Une fontaine fournit 8 hectolitres 75 litres d'eau par heure : combien en fournit-elle dans l'espace de 6 mois 7 jours 12 heures, en prenant le mois de 30 jours, et le jour de 24 heures. R. 39.575 hectolitres.

LEÇON ONZIÈME.

De la Division.

130. D. *Qu'est-ce que la* division?

R. C'est une *opération* qui a pour but de chercher un

des facteurs d'un produit dont on connaît l'autre facteur et le produit ; ou une *opération* par laquelle on cherche combien de fois un nombre qui prend le nom de *dividende*, en contient un autre qui prend le nom de *diviseur*, pour avoir un résultat qu'on nomme *quotient*.

Ainsi diviser 24 par 6, c'est chercher un nombre qui, étant multiplié par 6, donne 24 au produit ; ou c'est reconnaître combien le dividende 24 contient de fois le diviseur 6.

131. D. *Que renferme une* division?

R. Trois nombres de différente dénomination, qui sont : 1° le *dividende* ou nombre à diviser ; 2° le *diviseur* ; 3° le *quotient*, qui est le résultat de la règle.

132. D. *Comment peut-on distinguer le* dividende *du* diviseur ?

R. Le *dividende* doit toujours être de même nature que le *quotient*. Exemple : *8 stères de bois coûtent 48 francs, à combien revient le stère ?*

Je cherche le prix du stère en divisant 48 francs par 8 stères ; or le prix du stère est le huitième de 48 francs ou 6 francs ; 48 francs sont donc le *dividende* et 8 stères le *diviseur*.

133. D. *Comment peut-on distinguer le* diviseur *du* dividende ?

R. Le *diviseur* est toujours le facteur connu.

Ainsi, dans l'exemple précédent : 8 *stères coûtent* 48 *francs, à combien revient le stère?* Le nombre 8 est le *diviseur,* parce qu'il est le nombre qui, étant multiplié par le prix du stère, doit donner 48 pour produit.

134. D. *Par quels* signes *indique-t-on la division?*

R. La division s'indique en séparant le dividende du diviseur par deux points (:), ou en écrivant le dividende au-dessus du diviseur qu'on sépare par un *trait*. Exemple : $48 : 6 = 8$, comme $\frac{48}{6}$.

135. D. *Comment dispose-t-on les deux* termes *d'une division ?*

R. On écrit sur une même ligne le dividende et le diviseur ; on les sépare par un trait vertical, et on tire un trait horizontal sous le diviseur pour le séparer du quotient. Exemple : *Soit à diviser le nombre 3.744 par 9.*

Je place le plus petit des deux nombres sur la même ligne et à droite du plus grand ; je les sépare par un *trait vertical ;* je souligne le diviseur au-dessous duquel est la place du quotient.

Voici leur disposition :

3.744	9

136. D. *Comment peut-on connaître combien il doit y avoir* de chiffres *au quotient d'une division ?*

R. On sépare par un *point*, sur la gauche du dividende, assez de chiffres pour obtenir la première partie du dividende qui puisse contenir le diviseur ; le nombre de *chiffres* qui restent au dividende, plus un pour la première partie, indique combien il doit y en avoir au quotient : l'opération est indiquée ci-dessous :

37.44	9

137. D. *Que peut-on conclure de cette définition ?*

R. Que la position du *point* dans le dividende détermine le nombre de chiffres du quotient.

En effet, la première partie 37 donne un chiffre au quotient ; chacun des chiffres restants 4, 4, de 44, indique pareillement un chiffre du quotient qui aura pour l'exemple précédent trois chiffres. Ce procédé s'applique à toute division.

138. D. *Comment divise-t-on un nombre de plusieurs* chiffres *par un* chiffre ?

R. On écrit le diviseur à la droite du dividende, on les sépare l'un de l'autre par un *trait vertical ;* on cherche combien de fois le diviseur est compris dans le premier chiffre, ou, s'il est nécessaire, dans les deux premiers chiffres à gauche du dividende ; on pose ce résultat, qui est le premier quotient partiel, sous le diviseur, en le séparant par un trait horizontal ; on multiplie le diviseur par ce quotient ; on retranche le produit du premier dividende partiel ; à la droite du reste, s'il y en a un, on abaisse le chiffre suivant du dividende, ce qui forme un second dividende partiel sur lequel on opère comme sur le précédent, ayant soin de placer le nouveau quotient partiel à la droite du premier; on continue ainsi l'opération jusqu'à ce qu'on ait épuisé tous les chiffres du dividende proposé.

Exemple : *Soit proposé de partager 3.744 entre 9 personnes.*

OPÉRATION.

Dividende.	37.44	Diviseur. 9
	36	Quotient. 416
2e dividende partiel.	1 4	
	9	
3e dividende partiel. .	54	
	54	
	0	

Après avoir disposé le dividende et le diviseur comme il est dit ci-dessus, je commence par prendre les deux premiers chiffres à gauche du dividende pour en former le premier dividende partiel, parce que le premier chiffre 3 est moindre que le diviseur 9; je cherche ensuite combien de fois 37 contient 9, je trouve 4, que je pose sous le diviseur; je multiplie 9 par 4, et j'obtiens pour produit 36 que je retranche de 37, ce qui laisse 1 pour reste à la droite duquel j'abaisse le chiffre 4 du dividende et j'ai 14 pour second dividende partiel; je cherche ensuite combien de fois 14 contient 9, j'obtiens 1 pour deuxième quotient partiel que je place à la droite du premier; je retranche le produit de 9 par 1 ou 9 de 14, il reste 5 à la droite duquel je descends le chiffre 4 du dividende, ce qui donne 54 pour troisième et dernier dividende partiel, je divise enfin 54 par 9, j'obtiens 6 que j'écris encore à la droite du quotient précédent; je retranche le produit de 9 par 6 ou 54 de 54, il ne reste rien. Je conclus de là que le dividende 3.744 renferme exactement 416 fois le diviseur 9.

139. D. *Que faut-il observer dans* toute division ?

R. Que le *produit* du diviseur par le chiffre qu'on écrit au quotient, doit toujours être *moindre* que le dividende partiel qu'on divise; qu'il ne peut jamais y avoir plus de 9 au quotient; que si, après avoir abaissé un chiffre pour former un nouveau dividende, le diviseur n'y est pas contenu, on écrit un zéro au quotient pour tenir la place des unités, et on descend un autre chiffre pour former le dividende suivant, ayant soin d'observer cette règle toutes les fois qu'un dividende partiel ne contient pas le diviseur.

Exemple : *Qu'il s'agisse de diviser 241.806 par 6.*

Dividende	24.1806	Diviseur . 6
	24	Quotient, 40.301
2e et 3e dividendes partiels.	0 18	
	18	
4e et 5e dividendes partiels.	006	
	6	
Reste	0	

140. D. *Comment fait-on la division quand le diviseur renferme* plusieurs chiffres ?

R. On dispose l'opération comme lorsque le diviseur n'a qu'un chiffre ; on prend sur la gauche du dividende autant de chiffres qu'il en faut pour contenir le diviseur, puis on cherche combien de fois ce dividende partiel peut contenir le diviseur ; le quotient qu'on obtient d'abord n'est qu'approché et a besoin d'être vérifié. Pour cela, on multiplie le diviseur par ce quotient ; si le produit qu'on trouve ne peut être retranché du dividende partiel, c'est une preuve que le quotient est trop grand ; dans ce cas, on le diminue successivement d'autant d'unités qu'il est nécessaire pour rendre la soustraction possible ; mais s'il arrive que la soustraction, au lieu d'être impossible, donne un reste qui ne soit pas moindre que le diviseur, le quotient est alors trop petit ; on l'augmente successivement d'une unité jusqu'à ce que le reste devienne plus petit que le diviseur. Après cette vérification, le véritable quotient étant déterminé, on l'écrit sous le diviseur qu'on multiplie par ce quotient, et on retranche le produit du dividende partiel. A côté du reste, on descend le chiffre suivant du dividende total, pour former un dividende partiel sur lequel on opère comme sur le premier. On continue ainsi l'opération jusqu'à ce qu'on ait épuisé tous les chiffres du dividende, ayant soin de placer chaque nouveau chiffre du quotient à la droite de son précédent.

Exemple : *Un vieillard a légué 491.526 francs pour être*

distribués, en parties égales, à 747 pauvres de son canton ; on demande combien chacun aura pour sa part ?

Dividende	4915.26	Diviseur. 747
	4482	Quotient. 658f
2e dividende partiel.	0433 2	
	373 5	
3e dividende partiel.	059 76	
	59 76	
	0	

Après avoir disposé le dividende et le diviseur comme il est dit précédemment, je prends les quatre premiers chiffres à gauche du dividende pour former le premier dividende partiel, puis je dis : en 49 combien de fois 7 ? Je trouve 7 fois ; mais le produit de 747 × 7 ou 5.229 étant trop fort pour être retranché du dividende partiel 4.915, je diminue le quotient 7 d'une unité, et je mets 6 ; et parce que le nouveau produit 747 × 6 ou 4.482 peut être retranché de 4.915, et que cette soustraction donne un reste moindre que le diviseur, je conserve 6 pour le premier quotient partiel que je place sous le diviseur. A la droite du reste, je descends le chiffre 2 du dividende, et j'ai 4.332 pour second dividende partiel ; cherchant alors combien de fois 43 contient 7, je trouve comme précédemment, que 6 est trop grand, mais que 5 convient ; c'est pourquoi je pose 5 à la droite du quotient 6 obtenu d'abord ; je retranche ensuite le produit 747 × 5 ou 3.735 de 4.332, et j'ai 597 pour reste. Enfin, descendant à la droite de 597 le dernier chiffre 6 du dividende total, je dis encore : en 59 combien de fois 7 ? Je trouve 8, qui n'est ni trop grand ni trop petit ; je pose donc 8 à la droite du quotient 5, je retranche le produit 747 × 8 ou 5.976 du dividende partiel 5.976, et il reste 0. D'où il résulte que chaque pauvre du canton aura 658 francs pour sa part, puisque 658 francs sont le quotient exact de 491.526 francs partagés entre 747 pauvres.

141. D. *Comment peut-on savoir que, pour résoudre un* problème, *il faut faire une division ?*

R. Il faut faire une *division* lorsque, connaissant le prix de plusieurs unités, on cherche celui d'une seule.

Exemple : *8 stères de bois coûtent 48 francs, à combien revient le stère ?*

Dans ce problème je connais le prix de 8 stères et je cherche celui d'un stère, sa solution demande donc une *division*.

142. D. *Que faut-il faire lorsqu'après avoir épuisé tous*

les chiffres du dividende total, la division laisse un reste?

R. On réduit ce *reste* d'abord en dixièmes en mettant un zéro à sa droite, et on continue la division ; mais comme on ne peut plus obtenir d'unités, on place une virgule au quotient. Si ce nombre de dixièmes laisse encore un reste, on le réduit en centièmes en écrivant un zéro à sa droite, mais on ne met plus de virgule au quotient, parce que celle qui y est déjà placée, détermine les unités.

Exemple : *Qu'il s'agisse de diviser 6.069 par 68.*

Dividende.	6069	Diviseur . 68
	544	Quotient. 89,25
2e dividende partiel. . .	062.9	
	612	
Dividende des dixièmes .	0170	
	136	
Dividende des centièmes.	0340	
	340	
	0	

La division ayant laissé 17 pour *reste*, je réduis ce reste en dixièmes en ajoutant un zéro à sa droite et plaçant une virgule au quotient, je dis : en 170 combien de fois 68 ? Je trouve 2 que j'écris sous le diviseur ; je multiplie 68 par 2, et j'obtiens pour produit 136 que je retranche de 170, ce qui laisse 34 pour *reste* que je réduis en centièmes en ajoutant un zéro à sa droite, puis je dis : en 340 combien de fois 68 ? Je trouve 5 fois que j'écris sous le diviseur ; je multiplie 68 par 5, et j'obtiens pour produit 340 que j'ôte de 340, et il ne reste rien. D'où je conclus que 89,25 est le quotient exact de 6.069 divisé par 68.

143. D. *Comment fait-on la division lorsque le* dividende *ne contient pas le* diviseur ?

R. On écrit d'abord au quotient un zéro suivi d'une virgule pour exprimer qu'il n'y a pas d'*unités*, ensuite on réduit le dividende en *dixièmes*, en *centièmes*, en *millièmes*, etc., et on opère comme précédemment.

Exemple : *36 planches coûtent 18 francs, on demande le prix de la planche.*

Dividende.	180	Diviseur . 36
	180	Quotient. 0,5 décimes.
Reste. . . .	0	

Après avoir disposé le dividende et le diviseur

comme à l'ordinaire, je dis : en 18 combien de fois 36 ? Il n'y est pas ; je pose 0 suivi d'une virgule au quotient ; je réduis les 18 francs en dixièmes ou décimes en y ajoutant un zéro, et je dis : en 180 combien de fois 36 ? Je trouve 5 fois que j'écris sous le diviseur ; je multiplie 36 par 5, et j'obtiens pour produit 180, que j'ôte de 180 et il ne reste rien. D'où je conclus que 0,5 dixièmes sont le prix de la planche.

144. D. *Comment se fait la division par 10, par 100, par 1.000, etc., d'un* nombre *terminé par des zéros?*

R. On retranche un zéro au dividende, si le diviseur est 10 ; deux, si le diviseur est 100 ; trois, si le diviseur est 1.000, etc.

Exemple : *Qu'il s'agisse de diviser 56.000 francs entre 10 ouvriers, ils auront chacun 5.600 francs ;* si c'est entre 100, la part de chacun sera 560 francs ; si c'est entre 1.000, chacun aura 56 francs.

145. D. *Comment divise-t-on par 10, par 100, par 1.000, etc., un* nombre *qui ne se termine pas par des* zéros ?

R. Pour diviser un *nombre* par 10, il suffit de retrancher sur sa droite, par une virgule, un chiffre; par 100, d'en retrancher deux ; par 1.000, trois ; en un mot, on doit retrancher sur la droite du dividende autant de *chiffres* qu'il y a de *zéros* à la suite de l'unité.

Exemple : *Soit à diviser 4.725 par 100*, je sépare deux chiffres à droite par une *virgule*, et j'ai 47,25 pour véritable quotient.

146. D. *Comment fait-on la division lorsque le dividende et le diviseur sont tous deux terminés par un ou plusieurs* zéros ?

R. Pour abréger la division, on efface sur la droite de chacun autant de *zéros* qu'il y en a dans celui des deux nombres qui en renferme le moins. *Soit à diviser 39.420.000 par 87.600 ;* j'efface deux zéros sur la droite de chaque nombre, je divise ensuite 394.200 par 876, et j'ai 450 pour le quotient demandé.

147. D. *N'y a-t-il pas un moyen* d'abréger *la division?*

R. Pour *abréger* la division, il faut se dispenser d'écrire les produits de chaque quotient partiel, et faire la soustraction à mesure qu'on a multiplié chaque chiffre du diviseur.

Exemple : *Qu'il s'agisse de diviser 31.070 par 478.*

Dividende. 3107,0	Diviseur. 478
239 0	Quotient. 65
Reste 0	

Après avoir disposé le dividende et le diviseur, je prends les quatre premiers chiffres à gauche du dividende, et je dis : en 3.107 combien de fois 478 ? Je trouve 6 fois que j'écris au quotient, et, au lieu de porter sous 3.107 le produit de 478 × 6, je multiplie d'abord 6 par 8, ce qui donne 48; mais comme je ne puis retrancher 48 de 7, j'emprunte sur les deux chiffres suivants 10, une dizaine qui, jointe à 7, me donne 17 desquels je retranche 8, et il me reste 9 que je pose au-dessous de 7 : continuant la multiplication, je dis : 6 fois 7 font 42 et 4 de retenue font 46, je retranche 6 de 9, car il y a eu précédemment une dizaine empruntée sur 10, et il reste 3 que j'écris au-dessous de 0 : continuant de même, je dis : 6 fois 4 font 24 et 4 de retenue font 28 que j'ôte de 30, 1 ayant été emprunté, et il reste 2. A côté du reste 239, je descends le chiffre 0 du dividende, et je dis : en 2 390 combien de fois 478 ? ou en 23 combien de fois 4 ? Je trouve 5 que j'écris au quotient, ensuite je dis : 5 fois 8 font 40, je retranche 0 de 0, il reste 0 ; 5 fois 7 font 35 et 4 de retenue font 39, j'ôte 9 de 9, et il reste 0 ; 5 fois 4 font 20 et 3 de retenue font 23, lesquels étant ôtés de 23, il ne reste rien. D'où je conclus que 65 est le quotient exact de 31.070 par 478.

148. D. *Ne pourrait-on pas encore* abréger *la division, lorsque le diviseur ne dépasse pas 10.*

R. On le peut ; mais au lieu de poser la division comme à l'ordinaire, on écrit seulement le dividende, et on place chaque quotient partiel sous son dividende partiel.

Qu'il s'agisse de diviser 38,352.706 par 7.

OPÉRATION.
38.352.706
5 478 958

Pour résoudre cette question, il suffit de prendre le 7ᵉ de chaque dividende partiel en commençant par la gauche, ce qui s'obtient de la manière suivante : le 7ᵉ de 38 est 5 et il reste 3 qui, joint à 3, donne 33 ; le 7ᵉ de 33 est 4, et il reste 5 qui, joint à 5, donne 55 ; le 7ᵉ de 55 est 7, il reste 6 qui, joint à 2, donne 62 ; le 7ᵉ de 62 est 8, il reste 6 qui, joint à 7, donne 67 ; le 7ᵉ de 67 est

9, il reste 4 qui, joint à 0, donne 40 ; le 7e de 40 est 5, il reste 5 qui, joint à 6, donne 56 ; le 7e de 56 est 8, et il ne reste rien. De sorte que 5.478.958 est le véritable quotient de 38.352.706 par 7.

149. D. *Que faut-il conclure de cette définition?*

R. Que pour *simplifier* et *abréger* les opérations, il est nécessaire de connaître si un nombre est exactement divisible par un autre, et spécialement par 2, 3, 4, 5, 6, 7, 8, 9, sans être obligé d'effectuer la division toute entière. Les exemples suivants vont le démontrer.

150. D. *Quand un* nombre *est-il* divisible *exactement par un autre?*

R. Un *nombre* est *divisible* exactement par un autre, quand la division s'effectue sans reste, c'est-à-dire quand il exprime un produit formé de deux facteurs dont le second se trouve toujours par la division des deux nombres proposés. Ainsi le nombre 50 étant divisible par 5, ou multiple de 5, je trouve le second facteur du produit 50 en divisant 50 par 5, ce qui donne 10.

151. D. *Comment s'appelle un* nombre *qui n'est* divisible *par aucun autre?*

R. Il s'appelle *nombre premier*. Ainsi, 1, 2, 3, 5, 7, 11, 13, 17, 19, 23, 29, 31, 37, 41, 43, 47, etc., sont des *nombres premiers*.

152. D. *Quels sont les* nombres divisibles *par 2?*

R. Tout *nombre* terminé par 0, ou par l'un des chiffres 2, 4, 6 ou 8, est *divisible* par 2.

153. D. *Qu'appelle-t-on* nombres pairs?

R. On appelle *nombres pairs*, tous les multiples de 2, ou les nombres *divisibles* par 2 : tels sont : 2, 4, 6, 8, 10, 12, 14, 16, 18, 20, 22, 24, etc.

154. D. *Qu'appelle-t-on* nombres impairs?

R. On appelle *impairs*, les nombres qui ne sont pas *divisibles* par 2. Tels sont 1, 3, 5, 7, 9, 11, 13, 15, 17, 19, 21, 23, etc.

155. D. *Quand un* nombre *est-il* divisible *par 3?*

R. Un *nombre* est *divisible* par 3, lorsque la somme des chiffres qui le composent est *divisible* par 3. Ainsi le *nombre*

8.683.734 est *divisible* par 3, parce que *l'addition* de 8 + 6 + 8 + 3 + 7 + 3 + 4 donne 39, et que 39 contient 13, 3 fois.

156. D. *Quand un* nombre *est-il* divisible *par 4?*

R. Un *nombre* est *divisible* par 4, quand les deux premiers chiffres à droite de ce nombre sont *divisibles* par 4. Ainsi le *nombre* 7.481.924 est *divisible* par 4, parce que les deux premiers chiffres à droite sont *divisibles* par 4.

157. D. *Quand un* nombre *est-il* divisible *par 5?*

R. Tout *nombre* terminé par 0, ou par 5, est *divisible* par 5. Ainsi les *nombres* 10, 15, 20, 25, 45, 100, 4.875, sont *divisibles* par 5.

158. D. *Quand un* nombre *est-il* divisible *par 6?*

R. Un *nombre* est *divisible* par 6, quand il est *divisible* à la fois par 2 et par 3. Ainsi le *nombre* 165.258 étant *divisible* par 2 et par 3, l'est également par 6.

159. D. *Quand un* nombre *est-il* divisible *par 7?*

R. Ce qu'il faudrait faire pour reconnaître la *divisibilité* d'un *nombre* par 7, étant plus difficile que l'opération elle-même, il convient mieux alors de faire la division comme à l'ordinaire.

160. D. *Quand un* nombre *est-il* divisible *par 8?*

R. Un *nombre* est *divisible* par 8, quand l'ensemble des trois chiffres à droite sont un multiple de 8. Ainsi le *nombre* 2.474.816 est *divisible* par 8, parce que les trois chiffres à droite sont *divisibles* par 8.

161. D. *Quand un* nombre *est-il* divisible *par 9?*

R. Un *nombre* est *divisible* par 9, lorsque la somme des chiffres qui le composent est divisible par 9. Ainsi le *nombre* 411.534 est *divisible* par 9, parce que l'addition de 4 + 1 + 1 + 5 + 3 + 4 donne 18, et que 18 contient 2, 9 fois.

LEÇON TREIZIÈME.

De la division des nombres accompagnés de FRACTIONS DÉCIMALES.

162. D. *Comment fait-on la division des* nombres *accompagnés de* fractions décimales?

R. Comme celle des *nombres entiers ;* seulement il faut observer les trois *cas* dans lesquels peuvent se trouver le *dividende* et le *diviseur.*

163. D. *Quels sont les trois* cas *dans lesquels peuvent se trouver le* dividende *et le* diviseur?

R. Dans le premier *cas*, le *dividende* est un *nombre décimal*, et le *diviseur* un *nombre entier.*

Dans le second *cas*, le *dividende* est un *nombre entier*, et le *diviseur* un *nombre décimal.*

Dans le troisième *cas*, le *dividende* et le *diviseur* sont tous les deux des *nombres décimaux.*

164. D. Que *fait-on dans le premier cas?*

R. On divise sans avoir égard à la *virgule*, et on sépare ensuite sur la droite du quotient autant de *chiffres décimaux* qu'il y en a dans le *dividende.*

Exemple : *Quel est le prix du mètre de drap, lorsqu'on a payé 1,129 francs 60 centimes pour 64 mètres?*

OPÉRATION.

1129,60	Diviseur. 64
64	Quotient. 17f,65c.
489	
448	
41 6	
38 4	
32 0	
32 0	
0	

Le dividende ayant deux *décimales* et le diviseur n'en ayant pas, je sépare sur la droite du quotient deux *décimales*, et j'ai 17 francs 65 centimes pour prix du mètre.

165. D. *Que fait-on dans le second* cas?

R. On ajoute sur la droite du dividende autant de *zéros* qu'il y a de *décimales* au diviseur, ensuite on divise sans avoir égard à la *virgule.*

Exemple : *On demande le prix du mètre d'étoffe, lorsqu'on sait avoir payé 546 francs pour 36 mètres 40 centimètres.*

OPÉRATION.

```
546,00 | 36,40
364 0  |------
-------| 15
182 00
182 00
------
     0
```

J'écris deux *zéros* à la droite du dividende, afin qu'il y ait autant de *décimales* dans l'un que dans l'autre facteur ; je divise ensuite sans avoir égard à la virgule, et je trouve 15 francs pour prix du mètre.

166. D. *Que fait-on dans le troisième* cas?

R. Lorsque le dividende et le diviseur sont tous deux des *nombres décimaux*, on fait la division comme celle des *nombres entiers* sans avoir égard aux virgules; mais il faut que le dividende et le diviseur aient le même nombre de *chiffres décimaux;* si l'un des deux en a plus que l'autre, on écrit des *zéros* à la droite de celui qui a le moins de *décimales* pour qu'il en ait autant que l'autre; ensuite, faisant abstraction des *virgules*, on divise comme à l'ordinaire.

Exemple : *12 mètres 40 centimètres d'étoffe ont coûté 49 francs 60 centimes, à combien revient le mètre?*

OPÉRATION.

```
49,60 | 12,40
49,60 |------
------| 4f
    0
```

Le dividende et le diviseur renfermant le même nombre de *décimales*, j'ai divisé sans avoir égard à la virgule.

Autre exemple : *Quel est le prix de l'hectolitre de vin, lorsqu'on sait avoir payé 415 francs 40 centimes pour 15 hectolitres 5 décalitres?*

OPÉRATION.

```
415,40 | 15,50
310 0  |------
-------| 26f
105 40
 93 00
------
 12 40
```

Le dividende contenant une *décimale* de plus que le diviseur, j'ai écrit à la droite de celui-ci un *zéro* et j'ai divisé sans avoir égard à la virgule.

167. D. *Si la division laisse un* reste, *que faut-il faire pour trouver les* chiffres décimaux *du quotient?*

R. On convertit les *restes successifs* en *dixièmes*, en *centièmes*, en *millièmes*, *etc*, ce qui s'effectue en écrivant un *zéro* sur la droite de chaque reste ; les chiffres qu'on obtient ainsi à la suite du quotient, expriment les *dixièmes*, les *centièmes*, les *millièmes*, *etc.*, du reste qu'on réduit en *décimales*.

Ainsi, l'exemple précédent ayant laissé **1.240** pour *reste*, je convertis ce reste en *dixièmes* en écrivant un zéro sur sa droite, ce qui donne 12.400 *dixièmes*. Je divise ces *dixièmes* par le diviseur 15,50 et j'obtiens 8 décimes que je place à la suite du quotient primitif en le séparant des unités par une virgule. Le prix de l'hectolitre est alors 26 francs 8 décimes comme on le voit ci-dessous.

Reste. 1240.0	15.50
1240 0	26f,8d
0	

Remarque. On observe cette règle pour toute division où le dividende est plus petit que le diviseur. Ainsi diviser **10** par **125**, consiste à convertir le dividende **10** en *dixièmes*, en *centièmes*, en *millièmes*, *etc.*, pour avoir au quotient des *dixièmes*, des *centièmes*, des *millièmes*, *etc.*, qu'on sépare par une virgule, du zéro représentant les unités.

OPÉRATION.

10,00	125
10 00	0,08
0	

Le dividende **10** ne contenant pas le diviseur **125**, j'écris un *zéro* au quotient pour représenter les unités. Je convertis ensuite **10**, en *dixièmes* en y ajoutant un zéro, ce qui donne **100** *dixièmes*. Je divise **100** par le diviseur **125**, et j'obtiens **0** *dixièmes* que je place au quotient à la droite de la virgule. Il reste **100** *dixièmes* dont je fais des *centièmes* en y ajoutant un *zéro*, ce qui donne **1.000** *centièmes*. Divisant **1.000** par **125**, je trouve **8** juste, que j'écris à la droite du quotient à la suite des *dixièmes*. D'où il résulte que le véritable quotient de **10** par **125** est **0,08** *centièmes*.

168. D. *Que fait-on pour diviser un nombre décimal par 10, par 100, par 1.000, etc.?*

R. Pour diviser un *nombre décimal* par 10, il suffit de reculer la virgule d'un rang vers la gauche, exemple : 748,9 : 10 = 74,89 ; par 100 de deux rangs, exemple : 748,9 : 100 = 7,489 ; par 1.000, de trois rangs, exemple : 748,9 : 1000 = 0,7489. Ce procédé s'applique également aux nombres entiers. N° 145.

169. D. *Quelles* conséquences *peut-on tirer de la division?*

R. Les suivantes sont les *principales* :

1° Que le quotient est *égal* au dividende quand le diviseur est l'*unité*. Exemple : 9 : 1 = 9.

2° Que le quotient est plus *petit* que le dividende quand le diviseur est plus *grand* que l'*unité*. Exemple : 24 : 12 = 2.

3° Que, quand le diviseur est plus *petit* que l'*unité*, le quotient est plus *grand* que le dividende, ce qui arrive dans les fractions *ordinaires* et *décimales*. Exemple : 28 : 0,50 = 56.

4° Que, lorsqu'on multiplie ou qu'on divise lè dividende et le diviseur par un même *nombre*, le quotient ne change pas. Exemple : 12 × 4 = 48 : 6 × 4 = 2, comme 12 : 6 = 2 ; ou 12 — 6 = 6 : 6 — 3 = 2, comme 6 : 3 = 2.

170. D. *A quoi sert la division?*

R. La *division* sert :

1° A trouver combien de fois une *quantité* est contenue dans une *autre*. Exemple : *trouver combien de* pièces *de* 5 *francs dans* 4.860 *francs*. R. 972.

2° A partager un nombre donné en *parties égales*. Exemple : 128 : 8 = 16.

3° A faire connaître la *valeur* d'un objet, quand on connaît celle de plusieurs objets. Exemple : *pour* 21 *francs* 60 *centimes on a eu* 12 *kilogrammes de sucre, à combien revient le kilogramme?* 21,60 : 12 = 1 franc 80 centimes.

4° A ramener des *parties* à leur tout, comme des *décimètres* en *mètres*, des *grammes* en *kilogrammes*.

5e Enfin, à prouver la *multiplication*.

171. D. *Comment fait-on la preuve de la division?*

R. Pour faire la *preuve* de la division, il suffit de multiplier le diviseur par le *nombre* obtenu au quotient, et d'ajouter le dernier reste à ce produit; la somme doit être égale au dividende.

Cela est fondé sur les définitions mêmes de la *multiplication* et de la *division*.

En effet, puisque le *quotient* indique combien de fois le diviseur est contenu dans le dividende, si l'on répète ce *diviseur* autant de fois qu'il est contenu dans le dividende, c'est-à-dire, autant de fois que l'indique le quotient, on trouvera ce *dividende*.

Par exemple, *je suppose qu'en divisant* 789.454 *par* 376, *j'aie obtenu le quotient entier* 2.099 *et le reste* 230; pour vérifier cette opération, je multiplie 376 par 2.099, et au produit 789.224 j'ajoute le *reste* 230 ; lasomme étant égale au *dividende*, il est certain que je n'ai commis aucune erreur.

Questions relatives à la division.

56. 5.785 litres de vin ont été vendus 9.849 francs, à combien revient le litre ? R. 1 franc 7025 dix-millièmes.

57. A combien revient le mètre de drap dont on a eu 87 mètres pour 1.987 francs ? R. 22 francs 839 millièmes.

58. Le sac de blé coûtant 19 francs, combien peut-on en acheter pour 8.527 francs ? R. 44 sacs 8421 dix-millièmes.

59. On a à partager en parties égales une succession de 857.876 francs entre 187 héritiers : Combien revient-il à chacun ? R. 4.587 francs 5721 dix-millièmes.

60. Un bâtiment, monté par 485 hommes, a fait une prise de 724.962 francs : quelle doit être la part de chaque homme? R. 1 495 francs 767 millièmes.

61. Combien le nombre 16 est-il contenu de fois en 5.216 ? R. 326.

62. 48 kilogrammes d'une marchandise coûtent 728 francs ; quel est le prix de chaque kilogramme ? R. 15 francs 1666 dix-millièmes.

63. Des ouvriers, au nombre de 827, travaillant tous également, ont fait 6.275.864 mètres d'ouvrage : Combien chacun en a-t-il fait ? R. 7.588 mètres 711 millimètres.

64. On achète pour 497 francs une caisse de marchandises, qui pèse 146 kilogrammes, la caisse vide pèse 47 kilogrammes : à combien revient le kilogramme de marchandises ? R. 5 francs 0202 dix-millièmes.

65. Un fournisseur a entrepris d'habiller un régiment composé de 920 soldats pour 138 000 francs, et de 62 officiers pour 27.900 francs : combien doit-il recevoir par soldat et par officier ? R. par soldat 150 francs ; par officier, 450 francs.

66. On a acheté deux pièces d'étoffe, la première coûte 1.056 francs, et la seconde 864 francs : sachant que le prix du mètre est le même, découvrir la longueur de l'une et de l'autre, si la première à 16 mètres de plus que la seconde ? R. 1re, 88 mètres ; 2e, 72 mètres.

67. Un troupeau de 467 moutons gras a été vendu 10.507 francs 50 centimes ; on demande combien on aurait de moutons au même prix pour 20.137 francs 50 centimes? R. 895.

68. 67 ouvriers ont fait 89.145 mètres d'ouvrage dans un an : on demande combien chacun en a fait par semaine et par jour, comptant l'année de 52 semaines, et la semaine de 6 jours? R. par semaine, 1.714 mètres, 326 millimètres ; par jour, 285 mètres, 721 millimètres.

69. Pour payer 52 hectolitres de blé à 15 francs l'hectolitre, on a donné deux sacs contenant chacun un nombre égal de pièces de 20 centimes : combien chaque sac en contenait-il? R. 1.950.

70. Un ouvrier a reçu 87 francs 65 centimes pour un ouvrage qu'il a fait en 25 jours, travaillant 9 heures par jour : combien a-t-il gagné par heure? R. 0 franc 389 millièmes.

71. Dans 15.786 ares 40 centiares, combien y a-t-il d'hectares? R. 157 hectares 86 ares 40 centiares.

72. Combien coûte l'are, si 40 hectares 50 ares ont coûté 50.750 francs? R. 15 francs.

73. On a acheté 467 mètres d'indienne pour la somme de 583 francs 75 centimes : on demande combien il faut revendre le mètre pour gagner 90 francs 05 centimes sur le tout? R. 1 franc 4428 dix-millièmes.

74. Avec 620 francs de plus que ce que je possède, je pourrais payer 1.360 francs 85 centimes que je dois, et il me resterait 120 francs : combien ai-je en bourse? R. 860 francs 85 centimes.

75. Une rame de papier coûte 10 francs ; à combien revient la feuille, la rame étant de 20 mains, et la main de 25 feuilles. R. 0 franc, 02 centimes.

76. Un peintre a mis en couleur deux côtés d'un appartement ayant chacun 6 mètres de longueur et 2 mètres 35 centimètres de hauteur : à combien revient le mètre carré, s'il reçoit 60 francs 63 centimes pour le tout? R. 2 francs 15 centimes.

77. Dans un tissage, il y a 120 ouvriers dont 20 gagnent chacun 4 francs 25 centimes par jour ; 30 gagnent 3 francs 75 centimes par jour ; et les autres chacun 2 francs 60 centimes par jour : on demande quelle somme il faut pour payer ces ouvriers au bout d'une année, sachant qu'ils ne travaillent pas les dimanches ni les quatre jours de fêtes principales. R. 117,265 francs 50 centimes.

78. Combien aura-t-on de mètres de mousseline pour le prix de

80 mètres de drap à 15 francs 75 centimes le mètre, si la mousseline coûte 0 franc 90 centimes le mètre ? R. 1 400 mètres.

79. Un débitant a acheté 12 pièces de vin contenant chacune 320 litres, à raison de 147 francs 20 centimes la pièce : combien retirera-t-il de bénéfice sur son marché, s'il vend le litre 0 franc 70 centimes, sachant qu'il y a eu 5 litres de lie dans chaque pièce ? R. 879 francs 60 centimes.

LEÇON QUATORZIÈME.

Des Fractions ordinaires.

172. D. *Qu'est-ce qu'une* fraction ?

R. C'est *une* ou plusieurs *parties* de l'unité partagée en un certain nombre de parties égales ; si l'on prend *une* ou plusieurs de ces *parties*, cela forme une *fraction* de l'unité. Ainsi, si je partage une poire en 4 parties égales, chaque partie exprimera une *fraction* de la poire et se nommera un *quart ;* si j'en prends 3, j'aurai trois *quarts*.

173. D. *Que renferme une* fraction ?

R. Deux *termes* qu'on écrit l'un au-dessous de l'autre et qu'on sépare par un *trait horizontal*. Exemple : $\frac{3}{4}$.

174. D. *Quels noms donne-t-on à ces deux* termes ?

R. On les nomme *numérateur* et *dénominateur*.

175. D. *Que marquent ces deux* termes ?

R. Le *numérateur*, ou terme supérieur, marque combien la fraction renferme de parties de l'unité, et le *dénominateur*, ou terme inférieur, en combien de parties égales l'unité est divisée. Le numérateur et le dénominateur sont donc les *deux termes* de la fraction.

Ainsi, dans la fraction $\frac{7}{8}$, le *numérateur* est 7, et le *dénominateur* est 8 ; et cette fraction $\frac{7}{8}$ marque que l'unité est partagée en *huit parties égales*, et qu'on a sept de ces parties.

176. D. *Comment lit-on une* fraction ?

R. On lit d'abord le *numérateur* ou terme supérieur, ensuite le *dénominateur* ou terme inférieur, en y ajoutant la terminaison *ième*.

Ainsi, $\frac{1}{6}$ se lit un *sixième*, $\frac{7}{8}$ sept *huitièmes*. Mais quand le *dénominateur* est 2, ou 3, ou 4, les parties se lisent des *demies*, ou des *tiers*, ou des *quarts*, et s'écrivent $\frac{1}{2}$, $\frac{1}{3}$, $\frac{1}{4}$.

177. D. *Comment peut-on considérer une* fraction?

R. On peut considérer une *fraction* ou comme indiquant le *quotient* de la division du numérateur par le dénominateur, ou comme exprimant que l'*unité* a été divisée en autant de *parties égales* qu'il y a d'*unités* dans le dénominateur, et qu'on prend autant de ces *parties* qu'il y a d'*unités* dans le numérateur.

178. D. *Qu'est-ce qu'une* expression fractionnaire?

R. Une *expression fractionnaire* est un nombre qui, mis sous la forme d'une *fraction*, renferme à la fois des unités et des parties de l'unité, comme $\frac{7}{5}$, $\frac{9}{7}$, $\frac{12}{9}$, $\frac{18}{15}$, etc.

179. D. *Qu'est-ce qu'un* nombre fractionnaire?

R. Un *nombre fractionnaire* est celui qui contient des unités accompagnées de fractions, comme $7\frac{3}{4}$, $9\frac{5}{6}$, $45\frac{1}{2}$, $60\frac{7}{9}$, etc.

180. D. *Qu'appelle-t-on* fraction composée?

R. On appelle *fraction composée*, celle qui renferme plusieurs *facteurs*, soit au numérateur, soit au dénominateur, comme $\frac{6}{7 \times 8}$; ou bien $\frac{5 \times 6}{24}$; ou bien $\frac{3 \times 4}{5 \times 8}$; etc.

181. D. *Qu'appelle-t-on* fraction irréductible?

R. On appelle *irréductible* toute fraction qui ne peut être exprimée en *termes* plus petits. Quand les deux *termes* ne peuvent se diviser exactement par un même nombre, la fraction est *irréductible*. Ainsi la fraction $\frac{11}{17}$ est *irréductible*, parce qu'il n'y a pas de nombre qui puisse en diviser exactement les deux *termes*.

182. D. *Quelles conséquences peut-on tirer des deux* termes *d'une fraction?*

R. Les suivantes sont les *principales* :

1° Que la *fraction* vaut l'*unité*, quand le numérateur égale le dénominateur, parce qu'alors on prend toutes les parties dont l'*unité* se compose. Ainsi $\frac{4}{4}$, $\frac{6}{6}$, $\frac{9}{9}$, etc., sont des expressions égales à l'*unité*.

2° Que la *fraction* est plus *petite* que l'unité, lorsque le numérateur est plus *petit* que le dénominateur. Ainsi $\frac{2}{3}$, $\frac{4}{5}$, $\frac{7}{8}$, sont des fractions plus *petites* que l'unité.

3° Que la *fraction* est plus *grande* que l'unité, lorsque le numérateur est plus *grand* que le dénominateur. Ainsi $\frac{6}{5}$, $\frac{14}{9}$, $\frac{18}{13}$, sont des expressions plus *grandes* que l'unité.

4° Que, plus le numérateur devient *petit*, le dénominateur restant le même, plus la fraction devient *petite*. Ainsi $\frac{3}{8}$ représentent une fraction plus *petite* que $\frac{7}{8}$, parce que le numérateur 3 est *moindre* que le numérateur 7.

5° Que, plus le numérateur devient *grand*, le dénominateur restant le même, plus la fraction devient *grande*. Ainsi $\frac{7}{8}$ expriment une fraction plus *grande* que $\frac{3}{8}$, parce qu'alors le numérateur 7 est plus *grand* que le numérateur 3.

6° Que, plus le dénominateur devient *petit*, le numérateur restant le même, plus la fraction devient *grande*. Ainsi $\frac{3}{7}$ représentent une fraction plus *grande* que $\frac{3}{8}$, parce que, pour $\frac{3}{7}$, l'unité est divisée en 7 parties égales, tandis que, pour $\frac{3}{8}$, elle l'est en 8 parties, et qu'une partie de $\frac{3}{7}$ est plus *grande* qu'une de $\frac{3}{8}$.

7° Que, plus le dénominateur devient *grand*, le numérateur restant le même, plus la fraction devient *petite*. Ainsi $\frac{3}{8}$ expriment une fraction plus *petite* que $\frac{3}{7}$, parce que, pour $\frac{3}{8}$, l'unité est partagée en 8 parties égales, tandis que, pour $\frac{3}{7}$, elle ne l'est qu'en 7 parties, et qu'une partie de $\frac{3}{8}$ est plus *petite* qu'une de $\frac{3}{7}$.

8° Que la *grandeur* d'une fraction ne dépend point de la grandeur absolue de ses *termes*, mais de la grandeur du *numérateur* à l'égard de celle du dénominateur. Ainsi les fractions $\frac{1}{2}$, $\frac{2}{4}$, $\frac{3}{6}$, $\frac{6}{12}$, $\frac{12}{24}$, quoiqu'exprimées par des *termes différents* sont *toutes* égales l'une à l'autre.

9° Qu'une fraction vaut autant d'*unités* que le numérateur contient de fois le dénominateur. Ainsi $\frac{24}{6} = 4$ unités ; $\frac{45}{9} = 5$ unités.

10° Qu'une fraction ne change pas de *valeur*, quand on multiplie ou quand on divise ses deux termes par un même nombre. En effet, *soit la fraction* $\frac{5}{8}$; si, le dénominateur restant le même, je multiplie le numérateur par 4, elle deviendra $\frac{20}{8}$, et sera rendue 4 fois plus *grande*, car la seconde fraction contient 4 fois plus de parties que la première, et ces parties sont de même *grandeur* dans les deux fractions. Si, le numérateur 5 ne changeant pas, je multiplie le dénominateur par 4, la fraction $\frac{5}{8}$ deviendra $\frac{5}{32}$ et sera rendue 4 fois plus *petite*, car elle contiendra autant de parties que la fraction $\frac{5}{8}$, et chaque partie sera 4 fois plus *petite*, puisque l'unité sera divisée en 4 fois plus de parties égales.

Cela établi, puisqu'en multipliant le numérateur d'une fraction par 4, je la rends 4 fois plus *grande*, tandis que je la rends 4 fois plus *petite* en multipliant son dénominateur par 4, il en résulte qu'elle ne change pas de *valeur* quand je multiplie ses deux termes par 4 ou par un même nombre.

Par des raisonnements analogues, je prouverai qu'en divisant le numérateur d'une fraction par 4, je la rends 4 fois plus *petite*, et qu'en divisant le dénominateur par 4, je la rends 4 fois plus *grande*. Donc une fraction ne change pas de valeur quand on divise ses deux *termes* par 4 ou par un *même nombre*. *Soit la fraction* $\frac{12}{36}:4=\frac{3}{9}$; $\frac{3}{9}=\frac{12}{36}$.

Remarque. Il n'en est pas de même quand on augmente ou on diminue également les deux termes d'une fraction : dans le premier cas, on augmente la fraction ; dans le second cas, on la diminue.

En effet, si j'augmente de 4 les deux *termes* de la fraction $\frac{5}{8}$, j'aurai $\frac{9}{12}$; or la différence de $\frac{5}{8}$ avec l'unité ou $\frac{8}{8}$ est $\frac{3}{8}$, et la différence de $\frac{9}{12}$ avec l'unité ou $\frac{12}{12}$ est $\frac{3}{12}$. Cette dernière différence est évidemment plus petite que la première : donc la dernière fraction $\frac{9}{12}$ est plus grande que la première $\frac{5}{8}$.

Si, au contraire, je diminue de 4 les deux termes de la fraction $\frac{5}{8}$, j'aurai $\frac{1}{4}$: or la différence de $\frac{5}{8}$ avec l'unité ou $\frac{8}{8}$ est $\frac{3}{8}$, et la différence de $\frac{1}{4}$ avec l'unité ou $\frac{4}{4}$ est $\frac{3}{4}$. Cette dernière différence est évidemment plus grande que la première : donc la dernière fraction $\frac{1}{4}$ est plus petite que la première $\frac{5}{8}$.

Réductions des Fractions.

183. D. *Qu'est-ce que les* réductions *de fractions?*

R. Ce sont *divers changements* qu'on fait subir aux fractions, sans que, pour cela, elles changent de valeur.

184. D. *Quelles sont les principales* réductions?

R. Elles sont au nombre de *quatre*, savoir :

1° Réduire des *entiers*, ou des *entiers* et *fractions* en une seule *fraction* ;

2° Réduire des *fractions* en *entiers*, lorsqu'elles en contiennent ;

3° Réduire les *fractions* à leur plus *simple expression* ;

4° Réduire les *fractions* au même *dénominateur*.

PREMIÈRE RÉDUCTION.

185. D. *Comment réduit-on les* entiers *en* fractions?

R. On réduit les *entiers* en *fractions* en les multipliant par le dénominateur donné. Lorsqu'il y a une fraction jointe aux entiers, on ajoute le numérateur au produit.

Exemple : *On demande combien il y a de huitièmes dans 6 unités.*

Une unité contient 8 huitièmes, 6 unités contiendront donc 6 fois 8 huitièmes. Il suffit donc de multiplier 6 par 8 pour avoir $\frac{48}{8}$ huitièmes.

Soit encore à réduire 14 $\frac{4}{5}$ en une seule fraction.

Un entier valant 5 cinquièmes, je multiplie 14 par 5, dénominateur de la fraction $\frac{4}{5}$, et j'obtiens 70 cinquièmes auxquels j'ajoute le numérateur 4 de la fraction $\frac{4}{5}$ et j'ai $\frac{74}{5}$ pour résultat.

SECONDE RÉDUCTION, *PREUVE* DE LA PREMIÈRE.

186. D. *Que faut-il faire pour réduire les* fractions *en* entiers ?

R. Pour réduire les *fractions* en *entiers*, lorsqu'elles en contiennent, il faut diviser le numérateur par le dénominateur, le quotient exprimera les *unités*, le reste, s'il y en a, sera le *numérateur* d'une fraction qui aura pour dénominateur celui de la fraction primitive.

Exemple : *On demande combien il y a d'*entiers en $\frac{20}{4}$?

Puisque $\frac{4}{4}$ valent 1 entier, il y aura dans $\frac{20}{4}$ autant de fois 1 entier que $\frac{4}{4}$ sont contenus dans $\frac{20}{4}$, c'est-à-dire autant que 4 est contenu dans 20. Divisant 20 par 4, j'aurai $20 : 4 = 5$. De même $\frac{17}{5} = 3\frac{2}{5}$; $\frac{13}{2} = 6\frac{1}{2}$; $\frac{38}{9} = 4\frac{2}{9}$; $\frac{37}{8} = 4\frac{5}{8}$.

TROISIÈME RÉDUCTION.

187. D. *Que faut-il faire pour réduire une* fraction *à sa plus simple* expression ?

R. Pour réduire une *fraction* à sa plus simple *expression*, il faut diviser ses deux termes par un même nombre, ou par le plus grand commun diviseur. Ainsi $\frac{20}{60}$ divisés par 20 donnent $\frac{1}{3}$ qui est la plus simple *expression* de la fraction $\frac{20}{60}$. La fraction $\frac{36}{72}$ divisés par 4 donne $\frac{9}{18}$, celle-ci divisée par 9 donne $\frac{1}{2}$ pour la plus simple *expression* de de la fraction $\frac{36}{72}$.

188. D. *Que faut-il faire pour trouver le plus grand commun diviseur des deux* termes *d'une fraction ?*

R. Il faut diviser le plus *grand* de ces deux *termes* par le plus *petit;* diviser ensuite le plus *petit* par le reste de la division ; diviser encore le reste de la première division par le reste de la seconde ; puis le reste de la seconde par celui de la troisième, et ainsi de suite, jusqu'à ce qu'on parvienne à un quotient exact ; le dernier diviseur sera le plus grand commun diviseur demandé. Si le dernier était l'unité, la fraction serait *irréductible.* N° 181.

Soit à chercher le plus grand commun diviseur des deux nombres 1.365 et 468.

En disposant l'opération comme ci-après, je trouverai que ce plus grand commun diviseur est 39.

1365	468		429		39
429	2		1		11
		39		39	
				0	

En effet, 39 divise 39×11, c'est-à-dire 429 ; il divise aussi $429 \times 1 + 39$, c'est-à-dire 468; il divise aussi $468 \times 2 + 429$, c'est-à-dire 1.365 ; donc il divise 1.365 et 468 ; donc il est commun diviseur de ces deux nombres.

Je dis de plus qu'il est le plus grand ; car, si cela n'était pas, et s'il y en avait un autre plus grand, il faudrait que cet autre divisât $1.365 = 468 \times 2 + 429$; qu'il divisât $468 = 429 \times 1 + 39$; qu'il divisât $429 = 39 \times 11$; qu'il divisât 39. Or il ne peut pas diviser 39, s'il est plus grand ; donc 39 est le plus grand commun diviseur des deux nombres 1.365 et 468.

Ce raisonnement est fondé sur les principes des numéros 149 à 161 sur la divisibilité des nombres.

189. D. *Que faut-il faire pour simplifier les fractions composées ?*

Pour simplifier les fractions *composées*, on divise par le même nombre deux facteurs, l'un du numérateur et l'autre du dénominateur, et on répète cette opération autant de fois qu'il est possible.

Soit à simplifier la fraction composée $\frac{6}{36 \times 24}$; je trouve que 6 et 24 sont divisibles par 6, et cette division étant effectuée sur les deux quantités, la fraction *composée* devient $\frac{1}{36 \times 4}$ équivalente à la première, mais plus simple.

Soit encore à simplifier la fraction $\dfrac{12}{24\times18}$; je trouve que 12 et 18 sont divisibles par 6, et cette division étant également effectuée sur les deux quantités, la fraction *composée* devient $\dfrac{2}{24\times3}$. Je puis encore diviser 2 et 24 par 2, et j'obtiens pour plus simple expression $\dfrac{1}{12\times3}$ ou $\frac{1}{36}$.

En général pour simplifier plusieurs fractions *composées* et pour en trouver de suite leur valeur, il vaut mieux former de suite le produit de tous les numérateurs et celui des dénominateurs et diviser les deux termes du résultat par un même nombre. Cela posé, je trouverai que $\dfrac{4\times3\times5\times9}{8\times4\times6\times10} = \frac{540}{1920}$ ou $\frac{9}{32}$.

QUATRIÈME RÉDUCTION.

190. D. *Que faut-il faire pour réduire plusieurs fractions au même dénominateur ?*

R. Pour réduire plusieurs fractions au même dénominateur, sans changer leur valeur, il suffit de multiplier les deux *termes* de chacune d'elles par le produit des dénominateurs des autres fractions ; les nouvelles fractions qui en résultent ont des dénominateurs égaux et sont équivalentes aux fractions proposées. Exemple : *Pour réduire au même dénominateur les deux fractions* $\frac{3}{4}$ et $\frac{4}{5}$, je multiplie successivement les deux *termes* de la première par 5, et ensuite successivement les deux termes de la seconde par 4, et j'obtiens $\frac{15}{20}$ et $\frac{16}{20}$. Ces deux nouvelles fractions qui ont le même dénominateur entr'elles, ont respectivement les mêmes valeurs que $\frac{3}{4}$ et $\frac{4}{5}$.

Soit encore à réduire au même dénominateur les fractions $\frac{2}{3}$, $\frac{3}{4}$, $\frac{5}{6}$, $\frac{4}{9}$; je multiplie d'abord les deux termes de la première fraction successivement par le produit des dénominateurs de toutes les autres, c'est-à-dire, par $4\times6\times9$, ce qui donne 216 et j'obtiens pour la première $\frac{432}{648}$; pour la seconde, j'en multiplie de même les deux termes successivement par $3\times6\times9$, ce qui donne 162, et j'obtiens pour cette seconde $\frac{486}{648}$; en suivant le même procédé, je trouve pour la troisième $\frac{540}{648}$, et pour la quatrième $\frac{288}{648}$.

Il est facile de voir que, par ces opérations, les fractions doivent obtenir le même dénominateur, puisque le dénominateur de chacune se compose du produit de tous les dénominateurs, et que ce produit est toujours le même. D'un autre côté, les nouvelles fractions ont respectivement les mêmes valeurs que celles proposées, puisque j'en multiplie les deux termes par un même nombre. Ainsi $\frac{2}{3} = \frac{432}{648}$, $\frac{3}{4} = \frac{486}{648}$, $\frac{5}{6} = \frac{540}{648}$, $\frac{4}{9} = \frac{288}{648}$.

191. D. *Ne peut-on pas abréger cette* réduction?

R. Toutes les fois que les dénominateurs des fractions proposées ont des facteurs communs, on peut abréger l'opération en réduisant ces fractions à un dénominateur plus petit que le produit des dénominateurs. Pour cela, il faut prendre pour dénominateur le plus petit multiple commun à tous les dénominateurs, et comme par là on prend un dénominateur un certain nombre de fois plus grand, il faut rendre le numérateur le même nombre de fois plus grand.

Soit, par exemple, *les fractions* $\frac{1}{2}$, $\frac{2}{3}$, $\frac{3}{4}$, $\frac{1}{6}$, $\frac{5}{8}$ et $\frac{8}{12}$ *à réduire au plus petit* dénominateur *qu'il soit possible de leur donner ;* je remarque que 24 est le plus petit multiple commun aux dénominateurs 2, 3, 4, 6, 8 et 12. Ainsi ces fractions se transformeront en $\frac{12}{24}$, $\frac{16}{24}$, $\frac{18}{24}$, $\frac{4}{24}$, $\frac{15}{24}$ et $\frac{16}{24}$, et auront respectivement les mêmes valeurs que $\frac{1}{2}$, $\frac{2}{3}$, $\frac{3}{4}$, $\frac{1}{6}$, $\frac{5}{8}$ et $\frac{8}{12}$. En effet, de même que j'ai rendu le dénominateur 2 de la première fraction $\frac{1}{2}$, 12 fois plus grand, j'ai rendu pareillement son numérateur 1, 12 fois plus grand ; de même aussi que j'ai rendu le dénominateur 3 de la seconde fraction $\frac{2}{3}$, 8 fois plus grand, de même encore j'ai rendu son numérateur 2, le même nombre de fois plus grand, etc. Cela posé, il résulte que j'ai multiplié les deux *termes* de chaque fraction par le quotient de 24 divisé successivement par les dénominateurs 2, 3, 4, 6, 8 et 12.

QUESTIONS RELATIVES AUX QUATRE RÉDUCTIONS.

80. On demande combien il y a de septièmes dans 38 unités. R. $\frac{266}{7}$.

81. Réduisez 16 unités $\frac{7}{9}$ en neuvièmes. R. $\frac{151}{9}$.

82. Combien y a-t-il de sixièmes dans 17 mètres $\frac{5}{6}$? R. $\frac{107}{6}$.

83. Dites combien il y a de quarts dans 75 kilogrammes? R. $\frac{300}{4}$.

84. On demande combien il y a d'unités dans la fraction $\frac{84}{7}$. R. 12.

85. Combien y a-t-il d'unités dans la fraction $\frac{1492}{12}$. R. 124 $\frac{1}{3}$.

86. Dites combien il y a de mètres dans la fraction $\frac{784}{6}$ de mètres. R. 130 $\frac{2}{3}$.

87. On demande combien il y a de grammes dans $\frac{45}{4}$ de grammes. R. 11 $\frac{1}{4}$.

88. Quelle est la plus petite expression de $\frac{608}{892}$? R. $\frac{152}{223}$.

89. Quelle est la plus simple expression de la fraction $\frac{216}{288}$? R. $\frac{3}{4}$.

90. Quels sont les moindres termes de la fraction $\frac{224}{280}$? R. $\frac{4}{5}$.

91. Réduisez au même dénominateur les fractions $\frac{1}{2}$, $\frac{3}{4}$, $\frac{7}{8}$, $\frac{5}{12}$. R. $\frac{12}{24}$, $\frac{18}{24}$, $\frac{21}{24}$, $\frac{10}{24}$.

92. Donnez un même dénominateur aux fractions $\frac{26}{45}$ et $\frac{27}{37}$. R. $\frac{962}{1665}$ et $\frac{1215}{1665}$.

93. Réduisez au même dénominateur les fractions $\frac{5}{6}$, $\frac{12}{15}$ et $\frac{8}{13}$. R. $\frac{975}{1170}$, $\frac{936}{1170}$, $\frac{720}{1170}$.

94. On demande la plus simple expression des fractions $\frac{4}{5}$, $\frac{2}{3}$, $\frac{7}{8}$, $\frac{3}{4}$. R. $\frac{42}{120}$.

LEÇON QUINZIÈME.

De l'Addition des Fractions et des Nombres fractionnaires.

192. D. *Comment fait-on l'addition des* fractions ?

R. Pour faire l'addition des *fractions* lorsqu'elles sont réduites au même dénominateur, on ajoute les numérateurs entr'eux et l'on écrit sous la somme le dénominateur commun. Si les fractions ont des dénominateurs différents, on les réduit d'abord au même dénominateur par la quatrième *réduction*, et l'on opère ensuite comme dans le cas précédent.

Exemple : *On demande la somme des fractions* $\frac{3}{9}$, $\frac{4}{9}$, $\frac{5}{9}$, et $\frac{8}{9}$; l'opération se réduit à $3+4+5+8=\frac{20}{9}$. Ces $\frac{20}{9}$ égalent 2 unités $\frac{2}{9}$. En effet, divisant 20 par 9, le quotient est $2+\frac{2}{9}$. Ce principe se déduit de la seconde réduction.

Soit encore à ajouter les fractions $\frac{3}{4}$, $\frac{4}{5}$ et $\frac{5}{6}$; je les réduis d'abord au même dénominateur par la quatrième réduction, ce qui donne les fractions équivalentes $\frac{90}{120}$, $\frac{96}{120}$, $\frac{100}{120}$ dont la somme est $90+96+100=\frac{286}{120}$ ou 2 entiers $\frac{46}{120}$.

QUESTIONS RELATIVES A L'ADDITION DES FRACTIONS.

95. Quelle est la somme totale des fractions $\frac{3}{5}$, $\frac{5}{6}$, $\frac{7}{8}$, $\frac{8}{9}$? R. $3\frac{71}{360}$.

96. Quelle est la somme des fractions $\frac{23}{24}$ et $\frac{25}{26}$. R. $1\frac{287}{312}$.

97. On demande la somme des fractions $\frac{5}{7}$, $\frac{3}{4}$, $\frac{14}{15}$, $\frac{9}{13}$. R. $\frac{16871}{5460}$.

193. D. *Et si les fractions sont précédées d'*entiers, *que faut-il faire?*

Il faut d'abord réduire les fractions au même dénominateur, si elles ne le sont pas, ensuite faire la somme de ces fractions, en extraire les *unités* qu'elles renferment et les joindre à la somme des nombres entiers qui accompagnent les fractions.

Exemple : *Soit proposé d'ajouter les nombres fractionnaires* $38\frac{3}{4}+27\frac{3}{5}+68\frac{7}{8}+15\frac{1}{2}$; je les réduis d'abord au même dénominateur par la quatrième réduction, ce qui donne les fractions équivalentes $\frac{240}{320}$, $\frac{192}{320}$, $\frac{280}{320}$, $\frac{160}{320}$.

Cela posé, je fais la somme des numérateurs et j'ai $240+192+280+160=\frac{872}{320}$. Divisant 872 par 320, je trouve 2 entiers $\frac{232}{320}$ ou $\frac{29}{40}$ que j'ajoute aux entiers, et j'ai $38+27+68+15+2\frac{29}{40}=150\frac{29}{40}$ pour résultat des nombres fractionnaires proposés.

QUESTIONS RELATIVES A L'ADDITION DES NOMBRES FRACTIONNAIRES.

98. Quel est le total des nombres $6\frac{2}{3}$, $+9\frac{3}{4}$, $+7\frac{5}{6}$? R. $24\frac{1}{4}$.

99. Quatre ouvriers devant faire un certain ouvrage, y ont employé, savoir : le premier 36 jours $\frac{1}{3}$, le second 27 jours $\frac{4}{5}$, le troisième 24 jours $\frac{2}{3}$, et le quatrième 48 jours $\frac{3}{4}$: combien ont-ils employé de jours ? R. 137 jours $\frac{43}{60}$.

100. On a à faire 26 mètres $\frac{1}{2}$ d'ouvrage, $+38\frac{4}{5}$, $+27\frac{3}{7}$, $+49\frac{8}{11}$: quel en est le total ? R. 142 mètres $\frac{311}{770}$.

101. On demande les unités coutenues dans les expressions fractionnaires $\frac{26}{4}$, $+\frac{18}{5}$, $+\frac{20}{13}$, $+\frac{17}{3}$. R. 49 $\frac{194}{345}$.

LEÇON SEIZIÈME.

De la Soustraction des Fractions et des Nombres fractionnaires.

194. D. *Comment fait-on la soustraction des* fractions ?

R. 1° Si *les fractions proposées* ont le même dénominateur, on retranche le numérateur de la première fraction de celui de la seconde, et sous la différence obtenue on écrit le dénominateur commun. En appliquant cette règle, je trouve que $\frac{8}{9} - \frac{4}{9} = \frac{4}{9}$, que $\frac{11}{12} - \frac{4}{12} = \frac{7}{12}$, que $\frac{14}{17} - \frac{7}{17} = \frac{7}{17}$.

2° Si les fractions ont des *dénominateurs différents*, on les réduit d'abord au même dénominateur par la quatrième réduction, puis on opère comme 1°. En appliquant cette règle, je trouve que $\frac{4}{5} - \frac{2}{3} = \frac{2}{15}$, que $\frac{7}{8} - \frac{5}{6} = \frac{2}{28}$ ou $\frac{1}{14}$.

195. D. *Et si les fractions sont précédées* d'entiers, *que faut-il faire?*

R. On retranche, après avoir réduit les fractions au même dénominateur, la fraction du nombre inférieur de celle du nombre supérieur ; mais si la fraction à retrancher est la plus grande, on emprunte sur la partie entière du nombre dont on doit soustraire, une *unité* qu'on réduit en partie de l'espèce de la fraction, ensuite on opère comme à l'ordinaire.

Soit à ôter 4 $\frac{5}{9}$ *de 8* $\frac{7}{9}$; je retranche $\frac{5}{9}$ de $\frac{7}{9}$ et 4 de 8 ; l'addition des restes partiels $\frac{2}{9}$ et 4, compose le reste total 4 $\frac{2}{9}$.

***Soit** encore à ôter* 9 $\frac{8}{9}$ de 16 $\frac{4}{9}$; j'emprunte une des 16 unités du plus grand nombre, cette unité qui vaut $\frac{9}{9}$, jointe aux $\frac{4}{9}$ qu'il y avait déjà donne $\frac{13}{9}$ desquels retranchant $\frac{8}{9}$, il reste $\frac{5}{9}$; et comme j'ai emprunté 1 sur 16, j'ôte 9 de 15, ce qui donne le reste 6 ; la réunion des restes partiels détermine le reste total 6 $\frac{5}{9}$.

Pour soustraire 6 $\frac{3}{4}$ de 12 $\frac{4}{5}$, je réduis les fractions au même dénominateur et j'ai $\frac{15}{20}$ et $\frac{16}{20}$ pour fractions équivalentes, et comme je puis soustraire 6 $\frac{15}{20}$ de 12 $\frac{16}{20}$, j'ai 12 $\frac{16}{20}$ — 6 $\frac{15}{20}$ = 6 $\frac{1}{20}$ pour résultat des restes partiels.

QUESTIONS RELATIVES A CES SOUSTRACTIONS.

102. Otez $\frac{3}{4}$ de $\frac{7}{8}$. R. $\frac{1}{8}$.

103. De $\frac{13}{19}$ ôtez $\frac{13}{27}$. R. $\frac{104}{513}$.

104. De 28 $\frac{4}{5}$ ôtez 17 $\frac{5}{6}$. R. 10 $\frac{29}{30}$.

105. Quelle est la différence entre 19 $\frac{1}{3}$ et 14 $\frac{3}{4}$. R. 4 $\frac{7}{12}$.

106. J'avais acheté 29 kilogrammes $\frac{3}{5}$ de sucre, on m'en a fourni 17 $\frac{4}{5}$: combien dois-je encore en recevoir ? R. 11 $\frac{4}{5}$.

107. Quel est le nombre qui, étant ôté de 97 $\frac{7}{12}$, donne 68 $\frac{3}{4}$ pour reste ? R. 30 $\frac{5}{7}$.

LEÇON DIX-SEPTIÈME.

De la Multiplication des Fractions et des Nombres fractionnaires.

196. On peut avoir à multiplier

1° Une *fraction* par une *fraction* ;
2° Une *fraction* par un *nombre entier* ;
3° Un *nombre entier* par une *fraction* ;
4° Enfin un *nombre entier* suivi d'une *fraction* par un autre *nombre entier* suivi également d'une *fraction*, ou simplement par une *fraction*. Or :

D. *Comment multiplie-t-on* deux fractions *l'une par l'autre ?*

R. On multiplie numérateur par numérateur, et dénominateur par dénominateur, et l'on donne le second produit pour dénominateur au premier.

Soit, par exemple, *à multiplier* $\frac{3}{4}$ par $\frac{5}{6}$. Il s'agit de former un nombre, appelé *produit*, qui soit composé avec $\frac{3}{4}$ de la même manière que $\frac{5}{6}$ est composé avec l'*unité*. Mais $\frac{5}{6}$ est composé de 5 fois la sixième partie de l'unité ; j'obtiendrai donc le produit de $\frac{3}{4}$ par $\frac{5}{6}$ en prenant 5 fois la sixième partie de $\frac{3}{4}$. Or la sixième partie de $\frac{3}{4}$ est $\frac{3}{4\times6}$; donc 5 fois la sixième partie de $\frac{3}{4}$ est égale à 5 fois $\frac{3}{4 \times 6}$, ou à $\frac{3 \times 5}{4 \times 6}$. Le produit de $\frac{3}{4}$ par $\frac{5}{6}$ est donc $\frac{3 \times 5}{4 \times 6}$ ou $\frac{15}{24}$. Ces principes sont fondés sur la définition de la multiplication.

197. D. *Comment trouve-t-on le* produit *d'une fraction par un nombre entier?*

R. Pour trouver le *produit* d'une fraction par un nombre entier, il suffit de multiplier le *numérateur* par le *nombre entier*, le dénominateur restant le même.

Soit, par exemple, *à multiplier* $\frac{5}{6}$ *par* 18. En multipliant 5 par 18, j'ai $5 \times 18 = 90$. Mais, comme le multiplicande 5 est 6 fois plus grand que le véritable $\frac{5}{6}$, le produit 5×18 se trouve également 6 fois trop grand, donc il faut le diviser par 6 en lui donnant ce nombre pour dénominateur, et l'opération se réduit à $\frac{5 \times 18}{6} = \frac{90}{6}$, ou 15 entiers.

198. D. *Comment forme-t-on le* produit *d'un nombre entier par une fraction?*

R. Pour former le *produit* d'un nombre entier par une fraction, il suffit, comme dans le cas précédent, de multiplier le nombre entier par le numérateur de la fraction et de donner au *produit* le *dénominateur* de cette même fraction.

Ainsi le *produit* de 24 par $\frac{7}{8}$ est $\frac{168}{8}$ ou 21 entiers.

199. D. *Comment fait-on la multiplication d'un* nombre entier *suivi d'une* fraction, *par un* nombre entier *suivi également d'une* fraction ?

R. Dans ce cas, on réduit les *entiers* chacun en *fractions* de même espèce que celle qui l'accompagne, ensuite on opère comme sur deux fractions.

Soit, par exemple, *à multiplier* $8\frac{1}{2}$ par $7\frac{3}{4}$. Je réduis d'abord $8\frac{1}{2}$ en $\frac{17}{2}$ et $7\frac{3}{4}$ en $\frac{31}{4}$, ensuite multipliant $\frac{17}{2}$ par $\frac{31}{4}$, j'ai $\frac{17}{2} \times \frac{31}{4} = \frac{527}{8}$ ou $65\frac{7}{8}$. Cela est fondé sur les principes du numéro 196.

QUESTIONS RELATIVES A CES MULTIPLICATIONS.

108. Quel est le produit de $\frac{12}{17}$ multiplié par $\frac{13}{18}$? R. $\frac{26}{51}$.

109. On demande le produit de $\frac{7}{9}$ par 48. R. $37\frac{1}{3}$.

110. Formez le produit de 29 multiplié par $\frac{3}{4}$. R. $21\frac{3}{4}$.

111. Donnez le produit de 16 $\frac{3}{4}$ multiplié par 9 $\frac{1}{2}$. R. 159 $\frac{1}{8}$.

112. Quelle est la contenance d'un terrain de 96 mètres $\frac{4}{5}$ de longueur sur 38 mètres $\frac{2}{3}$ de largeur. R. $\frac{56144}{15}$ ou 3.742 mètres carrés $\frac{14}{15}$.

113. Quel est le nombre qui, étant divisé par 14 $\frac{4}{7}$ donnerait 8 $\frac{1}{3}$ pour quotient ? R. 121 $\frac{9}{21}$.

114. On demande le carré d'une chambre qui a 4 mètres $\frac{8}{9}$ de longueur sur 3 mètres $\frac{5}{6}$ de largeur ? R. $\frac{1012}{54}$ ou 18 mètres carrés $\frac{40}{54}$.

LEÇON DIX-HUITIÈME.

De la Division des Fractions et des Nombres fractionnaires.

On peut avoir à diviser :

1° Une *fraction* par une *fraction ;*
2° Une *fraction* par un *nombre entier ;*
3° Un *nombre entier* par une *fraction ;*
4° Un *nombre entier* suivi d'une *fraction* par un *nombre entier* suivi également d'une *fraction*. Or :

200. D. *Comment fait-on la division d'une* fraction *par une* fraction ?

R. Pour faire la division d'une *fraction* par une *fraction*, il suffit de multiplier la fraction dividende par la fraction diviseur renversée.

Soit à diviser $\frac{5}{6}$ *par* $\frac{7}{8}$. Je divise d'abord $\frac{5}{6}$ par 7, et j'ai $\frac{5}{6\times7}$; mais le diviseur était 8 fois trop grand, puisque le véritable est $\frac{7}{8}$; par conséquent le quotient est 8 fois trop petit ; je dois donc répéter 8 fois ce quotient $\frac{5}{6\times7}$, ce qui me conduit à $\frac{5\times8}{6\times7}=\frac{40}{42}$ ou $\frac{20}{21}$.

Le quotient de $\frac{5}{6}$ par $\frac{7}{8}$ doit être tel que, multiplié par $\frac{7}{8}$, il reproduise $\frac{5}{6}$. Or, si je multiplie $\frac{40}{42}$ par $\frac{7}{8}$, j'aurai $\frac{40\times7}{42\times8}=\frac{280}{336}$ ou $\frac{5}{6}$. Cela se déduit de 187 de 1°, et de 196.

201. D. *Comment fait-on la division d'une* fraction *par un* nombre entier.

R. Pour diviser une *fraction* par un *nombre entier*, il suffit de multiplier le dénominateur de la fraction par le nombre entier, le numérateur restant le même.

Soit à diviser $\frac{4}{5}$ par 9. Je divise d'abord par 9 le numérateur 4, et j'obtiens $\frac{4}{9}$; mais, comme j'ai pour dividende le nombre 4, cinq fois plus grand que le véritable $\frac{4}{5}$, il en résulte que le quotient $\frac{4}{9}$ est cinq fois trop grand ; je dois donc le rendre cinq fois plus petit en multipliant par 5 le dénominateur, et j'ai $\frac{4}{9\times5}=\frac{4}{45}$ pour le quotient de $\frac{4}{5}$ divisé par 9.

Le quotient de $\frac{4}{5}$ divisé par 9 doit être tel que, multiplié par 9, il reproduise $\frac{4}{5}$. Or, si je multiplie $\frac{4}{45}$ par 9, j'aurai $\frac{4\times9}{45}=\frac{36}{45}$ ou $\frac{4}{5}$. Cela est fondé sur le numéro 197.

202. D. *Comment fait-on la division d'un* nombre entier *par une* fraction ?

R. Pour faire la division d'un *nombre entier* par une *fraction*, il suffit de mettre ce nombre entier sous une *forme fractionnaire* en lui donnant l'*unité* pour dénominateur ; il ne reste plus alors qu'à diviser deux fractions l'une par l'autre. Numéro 200.

Soit à diviser 8 *par* $\frac{2}{3}$. Je mets 8 sous la *forme fractionnaire*, et j'ai $\frac{8}{1}$ à diviser par $\frac{2}{3}$. Or, divisant $\frac{8}{1}$ par $\frac{2}{3}$, j'ai $\frac{8}{1\times2}$; mais le diviseur était trois fois trop grand, puisque le véritable est $\frac{2}{3}$, par conséquent le quotient est trois fois trop petit ; je dois donc répéter trois fois ce quotient $\frac{8}{1\times2}$, ce qui me conduit à $\frac{8\times3}{1\times2}=\frac{24}{2}$ ou 12 entiers. Numéro 169 de 3°.

Le quotient de $\frac{8}{1}$ par $\frac{2}{3}$ doit être tel que, multiplié par $\frac{2}{3}$ il reproduise $\frac{8}{1}$. Or, si je multiplie $\frac{24}{2}$ par $\frac{2}{3}$, j'aurai $\frac{24\times2}{2\times3}=\frac{48}{6}$ ou 8 entiers. Numéro 197.

203. D. *Comment s'effectue la division d'un* nombre entier *suivi d'une* fraction, *par un* nombre entier *suivi également d'une* fraction ?

R. On réduit les *entiers* en *fractions* de même espèce que celle qui l'accompagne, ensuite on effectue la division comme celle de deux fractions. Numéro 200.

Soit à diviser 6 $\frac{1}{4}$ *par* 4 $\frac{2}{5}$. Je reduis d'abord 6 $\frac{1}{4}$ en $\frac{25}{4}$, et 4 $\frac{2}{5}$ en $\frac{22}{5}$, ensuite multipliant $\frac{25}{4}$ par $\frac{22}{5}$, j'ai $\frac{25 \times 22}{4 \times 5} = \frac{550}{20}$, ou 27 $\frac{1}{2}$.

QUESTIONS RELATIVES A CES DIVISIONS.

115. Divisez $\frac{15}{17}$ par $\frac{3}{4}$. R. $\frac{60}{51}$ ou 1 $\frac{9}{51}$.

116. Combien de fois $\frac{28}{34}$ sont-ils contenus dans $\frac{45}{47}$? R. $\frac{1530}{1316}$ ou 1 $\frac{107}{658}$.

117. On demande le quotient de 16 $\frac{1}{2}$ par 7 $\frac{3}{4}$. R. $\frac{132}{62}$ ou 2 $\frac{4}{31}$.

118. Quel est le nombre qui, étant multiplié par 18 $\frac{3}{5}$, donnerait 17 $\frac{3}{4}$ pour produit ? R. $\frac{355}{372}$.

119. Quel sera le prix de 47 mètres $\frac{1}{2}$ de drap, lorsqu'on a payé 29 francs pour 3 mètres ? R. $\frac{2755}{6}$ ou 459 francs $\frac{1}{6}$.

120. Avec 100 mètres de toile on a fait 19 chemises ; combien a-t-on employé de toile pour chaque chemise ? R. 5 mètres $\frac{5}{19}$.

LEÇON DIX-NEUVIÈME.

Des Fractions de fractions.

204. D. *Qu'appelle-t-on* fractions *de* fractions ?

R. C'est une suite de *fractions* dépendantes les unes des autres, *telles*, par exemple, *que les* $\frac{3}{4}$, $\frac{4}{5}$ *de* $\frac{8}{9}$ *d'un mètre;* c'est-à-dire, qu'il s'agit de prendre les $\frac{3}{4}$ des $\frac{4}{5}$ de $\frac{8}{9}$ du mètre.

205. D. *Comment forme-t-on le* produit *des fractions de fractions ?*

R. Pour former le produit des fractions de fractions, il suffit de multiplier numérateurs par numérateurs et dénominateurs par dénominateurs. Numéro 196 de 1°.

Soit à former le **produit** ***des fractions*** **$\frac{3}{4}$, $\frac{4}{5}$, $\frac{8}{9}$; je multiplie d'abord $\frac{3}{4}$ par $\frac{4}{5}$, c'est-à-dire, je prends les $\frac{4}{5}$ de $\frac{3}{4}$, ce qui me donne $\frac{12}{20}$; je multiplie ensuite ce dernier produit par $\frac{8}{9}$, c'est-à-dire, j'en prends les $\frac{8}{9}$, ce qui me donne $\frac{96}{180}$; j'ai donc pris effectivement les $\frac{8}{9}$ des $\frac{4}{5}$ de $\frac{3}{4}$.**

De là les moyens d'additionner, de soustraire, de multiplier et de diviser ces sortes de valeurs.

LEÇON VINGTIÈME.

De la réduction des Fractions ordinaires en décimales.

206. D. *Que faut-il faire pour réduire une fraction ordinaire en* décimales ?

R. Pour réduire une fraction ordinaire en *décimale*, il faut convertir le numérateur en *dixièmes*, en *centièmes*, en *millièmes*, *etc.*, ce qui s'effectue en mettant un *zéro* sur la droite du reste ; les chiffres qu'on trouve ainsi à la suite du *zéro* placé au quotient pour tenir lieu des unités, expriment les *dixièmes*, les *centièmes*, les *millièmes*, etc. de la fraction qu'il s'agissait de réduire en *décimales*.

Exemple : ***Réduire*** $\frac{3}{4}$ ***en*** *décimales*. Je divise 3 par 4 en disant : en 3 combien de fois 4 ? Il n'y est pas, je pose 0 et j'ai 3 de reste ; je convertis ce reste en *dixièmes* en écrivant un *zéro* sur sa droite, ce qui donne 30 *dixièmes*. Je les divise par le diviseur 4, et j'obtiens 7 *dixièmes* que je place au quotient, et j'ai 2 de reste, que je réduis en *centièmes*, ce qui donne 20 *centièmes*. Divisant 20 *centièmes* par 4, j'obtiens 5 au quotient ; en sorte que 0,75 est la *fraction décimale* de $\frac{3}{4}$. Cela résulte des numéros 166, 167 et 177.

QUESTIONS RELATIVES A CETTE RÉDUCTION.

121. Réduisez en fraction décimale $\frac{36}{120}$. R. 0,3.

122. Mettez en décimales la fraction $\frac{85}{340}$. R. 0,25.

LEÇON VINGT-UNIÈME.

De la Réduction des Décimales en Fractions ordinaires.

207. D. *Que faut-il faire pour réduire les* décimales *en* fractions *ordinaires ?*

R. Pour réduire les *décimales* en *fractions ordinaires*, il suffit de retrancher le *zéro* qui tient la place des unités et la *virgule*, et de donner pour dénominateur au nombre des décimales, l'*unité* suivie d'autant de zéros qu'il y a de chiffres.

Exemple : ***Réduire* 0,75 *en fraction ordinaire.*** Je retranche le 0 et la *virgule*, et il reste 75 pour numérateur sous lequel j'écris 1 suivi de deux zéros, et j'ai pour *fraction ordinaire* $\frac{75}{100}$ ou $\frac{3}{4}$.

QUESTIONS RELATIVES A CETTE RÉDUCTION.

123. Réduire 0,85 en fraction ordinaire. R. $\frac{85}{100}$ ou $\frac{17}{20}$.

124. Réduire 0,845 en fraction ordinaire. R. $\frac{845}{1000}$ ou $\frac{169}{200}$.

125. Mettre 0,1055 en fraction ordinaire. R. $\frac{1055}{10000}$ ou $\frac{211}{2000}$.

LEÇON VINGT-DEUXIÈME.

Du Système métrique des Poids et Mesures.

208. D. *Pourquoi le nouveau* système *des poids et mesures est-il appelé* métrique ?

R. Le nouveau *système* des poids et mesures est appelé *métrique*, parce qu'il est basé sur le *mètre*, mesure linéaire de 3 pieds 11 lignes 296 millièmes. Le mètre, unité à laquelle on rapporte les *longueurs*, les *surfaces*, les *volumes*, les *capacités*, les *poids* et les *monnaies*, est lui-même basé sur la dimension du globe que nous habitons, puisqu'il est la *dix-millionième partie* de la distance du pôle à l'équateur, ou la 40.000.000 millionième partie du tour de la terre, mesurée en passant par le nord et le sud. Cette *dix-millionième* partie qui exprime le *quart* de la circonférence de la terre, a été trouvée de 5.130.740 toises, ou de 30.784.440 pieds, et a été adoptée pour la longueur du mètre ; de sorte qu'un mètre vaut 0 toise 513074, ou 3 pieds 078444, ou 3 pieds 11 lignes 296 millièmes.

209. D. *Quels sont les* avantages *du nouveau système sur l'*ancien ?

R. Le nouveau système des poids et mesures a, sur l'ancien, deux *avantages principaux.*

Le *premier*, c'est que toutes les nouvelles mesures sont *invariables* comme leur base, ce qui n'est pas à l'égard des anciennes.

Le *second*, c'est que les nouvelles sont toutes *décimales*, c'est-à-dire, que les multiples sont de dix en dix fois plus grands les uns que les autres, et les sous-multiples de dix en dix fois plus petits.

210. D. *Comment multiplie-t-on et divise-t-on les* unités de mesures *du système métrique?*

R. On les multiplie en faisant précéder leur nom des mots suivants tirés du grec: *déca*, qui veut dire 10; *hecto*, qui veut dire 100; *kilo*, qui veut dire 1.000; et *myria*, qui veut dire 10.000; et on les divise en faisant précéder leur nom des mots latins: *déci*, qui veut dire la dixième partie (0.1); *centi*, la centième partie (0,01); *milli*, la millième partie (0,001).

211. D. *Quelles sont les* unités de mesures *du système métrique?*

R. Ce sont, 1° pour les longueurs:

Le *mètre*, unité de mesure de longueur ou linéaire, qui égale la *dix-millionième* partie de la distance du pôle à l'équateur, ou la 40.000.000 millioniême partie de la circonférence de la terre, et qui se divise en trois parties égales appelées *pieds métriques*, valant ensemble 3 pieds 078444, ou 3 pieds 11 lignes 296 millièmes.

On s'en sert pour mesurer les étoffes, la hauteur, la largeur et l'épaisseur des corps.

Ses multiples, de dix en dix fois plus grands les uns que les autres, sont: le *décamètre* (10 mètres), l'*hectomètre* (100 mètres), le *kilomètre* (1.000 mètres), et le *myriamètre* (10.000 mètres); ses sous-multiples, de dix en dix fois fois plus petits, sont: le *décimètre* (0,1) de mètre, le *centimètre* (0,01 de mètre), le *millimètre* (0,001 de mètre).

Le *myriamètre*, le *kilomètre* et l'*hectomètre*, sont les unités principales de mesures *itinéraires*. On s'en sert pour évaluer les distances géographiques comme celles d'une ville à une autre, ou d'une ville à un village peu éloigné. Le *myriamètre*, qui vaut 10.000 mètres, correspond à deux lieues terrestres et un quart; le *kilomètre*, qui vaut 1.000 mètres, correspond à 0 lieue 225 de lieue. Sur les routes, les *kilomètres* sont indiqués par des bornes principales, et les *hectomètres* par des bornes plus petites.

212. *Combien la terre a-t-elle de* myriamètres *de circonférence?*

R. 4.000 *myriamètres*. En effet, le quart du méridien étant de dix millions de mètres, le méridien total ou la circonférence de la terre est 40.000.000 de mètres, ou 4.000 *myriamètres*. Numéro 208.

2° POUR LES SURFACES :

Le *mètre carré*, l'*are*, et le *myriamètre carré*.

On se sert du *mètre carré* et de ses *sous-multiples*, pour évaluer les petites surfaces, comme celle d'un meuble, d'une porte, d'un mur, d'un plancher, d'un plafond, etc.

Le *mètre carré* est une surface qui a un mètre de côté.

Ses *sous-multiples* sont : le *décimètre carré*, le *centimètre carré*, et le *millimètre carré*.

Le *mètre carré* se subdivise en 100 *décimètres carrés*, ou 10.000 *centimètres carrés*, ou 1.000.000 de *millimètres carrés*.

Le *décimètre carré* se subdivise en 100 *centimètres carrés* ou 10.000 *millimètres carrés*.

Le *centimètre carré* se sous-divise en 100 *millimètres carrés*.

L'*are*, unité principale des mesures *agraires*, est un carré dont chaque côté a dix mètres; il équivaut par conséquent à 100 *mètres carrés* ou à 100 *carrés* dont chaque côté a un *mètre* de longueur.

L'*are* sert à mesurer les champs, les vignes, les forêts et tous les terrains d'une grande étendue; il n'a pour multiple que l'*hectare* ou 100 ares, et pour sous-multiple que le *centiare*.

On compte par *ares* jusqu'à 100, ensuite par *hectares*; il en est de même du *centiare* jusqu'à 100.

Pour évaluer les grandes surfaces, telles que celles

d'un canton, d'un département, d'une province, d'un état, etc., on emploie le *myriamètre carré*, le *kilomètre carré*, et le *hectomètre carré*, et cette espèce de mesure s'appelle mesure *topographique*.

Le *myriamètre carré* (carré de 10.000 mètres de côté) vaut $10.000^m \times 10.000^m$ ou 100.000.000 de mètres carrés.

Le *kilomètre carré* (carré de 1.000 mètres de côté) vaut $1.000^m \times 1.000^m$ ou 1.000.000 de mètres carrés.

L'*hectomètre carré* (carré de 100 mètres de côté) vaut $100^m \times 100^m$ ou 10.000 mètres carrés.

D'où il résulte qu'il faut 100 hectomètres carrés pour un kilomètre carré ; 100 kilomètres carrés pour un myriamètre carré.

D'où l'on voit aussi que le mètre carré est la centième partie du décamètre carré, la dix-millième partie de l'hectomètre carré, la millionième partie du kilomètre carré, et enfin la cent-millionième partie du myriamètre carré.

213. D. *Comment énonce-t-on* les chiffres décimaux *qui se trouvent à la droite des mètres carrés ?*

R. On en prend deux pour les décimètres carrés, deux pour les centimètres carrés, et deux pour les millimètres carrés ; si les *chiffres décimaux* ne sont point en nombre pair, on y ajoute un *zéro*. Ainsi le nombre 48 mètres carrés 64894 s'énonce : 48 mètres carrés 64 décimètres carrés 89 centimètres carrés 40 millimètres carrés. On peut aussi, pour énoncer un certain nombre de mètres carrés, prendre, à partir de la droite, deux chiffres pour les mètres carrés, deux pour les décamètres carrés, deux pour les hectomètres carrés. Ainsi le nombre 3.628.947.506 mètres carrés s'énoncera : 36 myriamètres carrés 28 kilomètres carrés 94 hectomètres 75 décamètres carrés 06 mètres carrés. S'il était question d'une mesure *agraire*, on dirait pour ce dernier nombre : 362.894 *hectares* 75 *ares* 06 *centiares*.

3° POUR LES MESURES DE VOLUMES OU DE SOLIDITÉ.

Le *mètre cube*, solide compris entre six faces égales et carrées qui, ayant la forme d'un dé à jouer, a un mètre de longueur, un mètre de largeur et un mètre d'épaisseur.

On s'en sert pour évaluer les travaux de maçonnerie, de terrassement, les matériaux qu'on emploie à l'entretien des chemins, des routes et à la construction des bâtiments.

Les *multiples* du mètre cube sont : le *décamètre cube* (cube de 10 mètres de côté) qui vaut 10 × 10 × 10 ou 1.000 mètres cubes.

L'*hectomètre cube* (cube de 100 mètres de côté) qui vaut 100 × 100 × 100 ou 1.000.000 de mètres cubes.

Le *kilomètre cube* (cube de 1.000 mètres de côté) qui vaut 1.000 × 1.000 × 1.000 ou 1.000.000.000 de mètres cubes.

Le *myriamètre cube* (cube de 10.000 mètres cubes) qui vaut 10.000 × 10.000 × 10.000 ou 1.000.000.000.000 de mètres cubes.

D'où il résulte qu'il faut 1.000 décamètres cubes pour un hectomètre cube, 1.000 hectomètres cubes pour un kilomètre cube, 1.000 kilomètres cubes pour un myriamètre cube.

D'où l'on voit aussi que le mètre cube est la *millième partie* du décamètre cube, la *millionième partie* de l'hectomètre cube, la *billionième* du kilomètre cube, la *trillionième* du myriamètre cube.

Les *sous-multiples* du mètre cube sont : le *décimètre cube*, le *centimètre cube*, le *millimètre cube*.

Le *mètre cube* se sous-divise en 1.000 décimètres cubes, ou 1.000.000 de centimètres cubes, ou 1.000.000.000 de millimètres cubes.

Le *décimètre cube* se sous-divise en 10.000 centimètres cubes ou 1.000.000 de millimètres cubes.

Le *centimètre cube* se sous-divise en 1.000 millimètres cubes.

214. D. *Comment énonce-t-on les* chiffres décimaux *qui se trouvent à la droite des mètres cubes?*

R. On en prend trois pour les décimètres cubes, trois pour les centimètres cubes, trois pour les millimètres cubes ; si les *chiffres décimaux* ne sont pas en nombre multiple de trois, on y ajoute un ou deux *zéros*. Ainsi le nombre 16 mètres cubes 4571843 s'énonce : 16 mètres cubes 457 décimètres cubes 184 centimètres cubes 300 millimètres cubes.

On peut aussi, pour énoncer un certain nombre de mètres cubes, prendre, à partir de la droite, trois chiffres pour les mètres cubes, trois pour les décamètres cubes, trois pour les hectomètres cubes, trois pour les kilomètres cubes, trois pour les myriamètres cubes. Ainsi le nombre 46.984.275.694.287 mètres cubes s'énoncera : 46 myriamètres cubes 984 kilomètres cubes 275 hectomètres cubes 694 décamètres cubes 287 mètres cubes.

Le mètre cube prend le nom de *stère* pour la mesure des bois de chauffage et de charpente ; il n'admet qu'un multiple peu usité, qui est le *décastère* ou 10 stères, et qu'un sous-multiple, qui est le *décistère* ou un dixième de stère.

4° POUR LES MESURES DE CAPACITÉ.

Le *litre*, dont on se sert pour mesurer tous les liquides en général et les matières sèches, et qui représente une contenance d'un décimètre cube ou d'un cube ayant pour côté un décimètre carré.

Ses *multiples* sont : le *décalitre*, qui vaut 10 litre ; l'*hectolitre*, qui vaut 100 litres; le *kilolitre*, qui vaut 1.000 litres.

Ses *sous-multiples* sont : le *décilitre*, qui vaut 0 litre 1 décilitre ; le *centilitre*, qui vaut 0 litre 01 centilitre ; et le *millilitre*, qui vaut 0 litre 001 millilitre.

Dans le commerce on emploie ordinairement le *litre*, le *double litre*, le *décalitre*, le *double décalitre* et l'*hectolitre*, et toutes ces mesures doivent avoir la forme d'un cylindre.

5° POUR LES MESURES DE POIDS.

Le *gramme*, qui représente le poids d'un centimètre cube d'eau distillée et pesée à 4 degrés au-dessus de zéro.

On fait usage du *gramme* pour peser les pierres précieuses et les métaux de valeur.

Ses *multiples* sont : le *décagramme*, qui vaut 10 grammes ; l'*hectogramme*, qui vaut 100 grammes ; le *kilo-*

gramme, qui vaut 1.000 grammes ; le *myriagramme*, qui vaut 10.000 grammes.

Ses *sous-multiples* sont : le *décigramme*, qui vaut 0,1 du gramme ; le *centigramme*, qui vaut 0,01 de gramme ; le *milligramme*, qui vaut 0,001 de gramme.

6° POUR LES MONNAIES.

Le *franc*, qui est une pièce d'argent du poids de 5 grammes, contenant 9 dixièmes d'argent pur et 1 dixième d'alliage. D'où il résulte que la pièce de 5 francs pèse 25 grammes, et que 200 francs ou 40 pièces de 5 francs pèsent un kilogramme.

Les pièces de monnaies de France sont :

Pour l'or. . . la pièce de	40f pesant		12 grammes 9032.
	id.	20. . . .	6 grammes 4516.
	id.	10. . . .	3 grammes 2258.
Pour l'argent, la pièce de		5. . . .	25 grammes.
	id.	2. . . .	10 grammes.
	id.	1. . .	5 grammes.
	id.	0,50 . .	2 grammes 50.
	id.	0,20 . .	1 gramme.
Pour le cuivre,	le centime		1 gramme.
	Deux centimes. . .		2 grammes.
	Cinq centimes . . .		5 grammes.
	Dix centimes. . . .		10 grammes.

La pièce de 40 francs a 26 millimètres de diamètre.

Id.	20 francs a 21	id.
Id.	5 francs a 37	id.
Id.	2 francs a 27	id.
Id.	1 franc a 23	id.

Ainsi on aurait la longueur du mètre en plaçant sur une même ligne : 32 pièces de 40 francs et 8 de 20 francs.

Ou bien 20 id. 2 francs et 20 de 1 franc.

Ou bien 19 id. 5 francs et 11 de 2 francs.

L'or, converti en monnaie, vaut 15 fois $\frac{1}{2}$ plus que l'argent. Ainsi le kilogramme d'or vaut 3.100 francs, tandis que le kilogramme d'argent ne vaut que 200 francs. En effet : $200 \times 15\frac{1}{2} = 3.100$ francs.

L'or pur vaut 3.444 francs 444 millièmes, et l'argent pur 222 francs 222 millièmes. En effet, puisque 1 franc vaut 9 dixièmes de pur et 1 dixième d'alliage, 200 francs ou 1 kilogramme, vaudront dix dixièmes ou 200 francs : 9 = 222 francs 222 millièmes; ces 222 francs 222 millièmes × 15 $\frac{1}{2}$ vaudront donc 3.444 francs 444 millièmes. Donc le kilogramme d'or pur vaut 3.444 francs 444 millièmes, et celui d'argent pur 222 francs 222 millièmes.

Le *franc* n'admet pas de multiples, mais il a des sous-multiples qui sont : le *décime* et le *centime*.

LEÇON VINGT-TROISIÈME.

215. Autrefois on se servait en France d'une infinité de mesures dont les subdivisions, variant pour chaque pays et souvent d'une localité à une autre, sans être soumise à aucune règle constante, présentaient les plus grandes irrégularités et rendaient fort compliquées les opérations qui s'y rapportaient.

Ces mesures n'étant plus employées, puisqu'elles sont remplacées par celles du *système métrique*, excepté la mesure du temps, je me bornerai à rapporter seulement celle-ci comme étant d'une indispensable nécessité pour opérer sur les règles de trois, d'intérêt, d'escompte, du temps pour les paiements, etc.

Cette mesure de temps est l'*année* qui se divise en 12 mois ou 365 jours; le jour en 24 heures, l'heure en 60 minutes, et la minute en 60 secondes.

Les douze mois de l'année sont : *janvier*, *février*, *mars*, *avril*, *mai*, *juin*, *juillet*, *août*, *septembre*, *octobre*, *novembre* et *décembre*.

Les mois de *janvier*, *mars*, *mai*, *juillet*, *août*, *octobre* et *décembre* ont 31 jours; et selon que l'année a 365 jours ou 366 jours, le mois de *février* a 28 ou 29 jours. Quand il a 29 jours, l'année est *bissextile*, et cela arrive tous les quatre ans : d'où il faut conclure que l'année vaut 365 jours $\frac{1}{4}$ environ.

Dans le calcul, le mois se compte le plus souvent de 30 jours et l'année de 360.

LEÇON VINGT-QUATRIÈME.

Exercices sur les Multiples et sur les Sous-Multiples en usage dans le Système des nouveaux Poids et des Nouvelles Mesures.

216. D. *Écrivez en* chiffres *les multiples et les sous-multiples.*

1. Quatre hecto, huit déca, cinq unités.
2. Six hecto, sept unités.
3. Neuf hecto, trois déca.
4. Seize hecto, huit déca, deux unités.
5. Dix-neuf hecto, seize déca, neuf unités, huit déci.
6. Huit kilo, cinq unités, sept centi.
7. Dix-sept kilo, quinze déca, dix-huit centi.
8. Neuf myria, quarante hecto, six unités, trois déci, trente milli.
9. Quatorze myria, vingt-neuf déca, huit centi, vingt-cinq milli.
10. Quatre-vingt-quinze myria, cinq déca, neuf unités, douze milli.
11. Cinq cent-six kilo, sept hecto, trois centi.
12. Dix-sept kilo, sept hecto, vingt milli.

De l'Addition des Multiples et des Sous-Multiples du nouveau Système métrique.

217. D. *Faites la somme des nombres*

1. Quatre hecto + sept déca + huit unités + quatre déci, + huit kilo + seize unités + dix-neuf centi, + seize hecto + trois milli, + quatre cents déca + seize centi. R. 14,094 unités 753 millièmes.

2. Vingt kilo + dix-sept hecto + seize déca + quarante centi, + neuf myria + vingt-cinq hecto + trente unités + cinq milli, + cinquante myria + huit kilo + six cents hecto + quatre-vingt-dix-huit unités + quatorze centi, + cent-vingt-cinq déca + neuf déci. R. 683.739 unités 445 millièmes.

3. Quatre-vingt-dix-neuf myria + cinquante kilo + soixante hecto

+cinquante déca + quatre-vingts unités + douze déci, + soixante-dix kilo + quatre-vingt-quinze hecto + vingt-huit déca + dix-sept unités + cent sept milli, + quatre-vingt-dix-neuf hecto + quatre-vingt quatorze unités + soixante-dix centi. R. 1.136.373 unités 007 millièmes.

De la Soustraction des Multiples et des Sous-Multiples du nouveau Système métrique.

218. *Cherchez la différence qui existe entre les nombres*

1. Vingt-neuf kilo, cinq hecto, dix-huit deca, neuf unités, et dix-huit kilo, sept hecto, vingt-cinq déca, trente-quatre unités. R. 10.705 unités.

2. Soixante-quinze kilo, cinq déca, cinq centi, et soixante-dix kilo, neuf hecto, cinq unités, seize milli. R. 4.145 unités 034 milli.

3. Douze myria, vingt-six unités, cinq milli, et onze myria, neuf kilo, cinq déca, cinquante centi. R. 975 unités 505 milli.

4. Quatre-vingt-dix-neuf kilo, quatre déca, huit déci, et quatre-vingt-dix-huit kilo, trois hecto, dix-sept unités, vingt centi. R. 723 unités 60 centi.

De la Multiplication des Multiples et Sous-Multiples du nouveau Système métrique.

219. D. *Formez le produit des nombres*

1. Douze hecto, cinq déca, sept unités, cinq déci, par trente-sept déca. R. 465.275 unités.

2. Douze myria, douze hecto, huit unités, vingt-six centi, par cinq centi. R. 660 unités 413 milli.

3. Quinze kilo, treize hecto, huit déca, vingt-huit milli, par soixante-quinze milli. R. 1.228 unités 5021 dix-milli.

4. Sept unités, vingt-cinq centi, par soixante-quatorze hecto, vingt-sept unités, huit déci. R. 53.851 unités 55 centi.

5. Cinq myria, quinze kilo, dix déca, par neuf déca, cinquante-cinq milli. R. 4.672.380 unités.

6. Huit hecto, huit unités, par quatre unités, cinq milli. R. 3.236 unités 04 centi.

De la Division des Multiples et des Sous-Multiples du nouveau Système métrique.

220. D. *Donnez le quotient*

1. De huit kilo, trente-neuf déca, sept unités, cent-vingt-cinq milli, divisés par quatre-vingt-cinq unités, vingt-cinq centi. R. 98 unités 5 déci.

2. De cinq myria, sept kilo, quinze déca, sept unités, neuf mille trois cent soixante-quinze dix-milli, divisés par un hecto, six déca, cinq centi. R. 360 unités 05 centi.

3. De cinquante-six myria, quarante-trois hecto, vingt-deux unités, deux centi, divisés par huit déca, quarante milli. R. 7.050 unités 040 milli.

4. De vingt-six kilo, soixante-seize déca, neuf unités, vingt-quatre centi, divisés par cinquante hecto, cinq déca, huit déci. R. 5 unités 3 déci.

LEÇON VINGT-CINQUIÈME.

Exercices sur les Mesures de longueur.

221. D. *Dites*

1. Combien il y a de mètres dans un myriamètre ? R. 10.000. Dans un kilomètre ? R. 1.000. Dans un hectomètre ? R. 100. Dans un décamètre ? R. 10.

2. Combien il y a de décamètres dans un myriamètre ? R. 1.000. Dans un kilomètre ? R. 100. Dans un hectomètre ? 10.

3. Combien il y a d'hectomètres dans un myriamètre : R. 100. Dans un kilomètre ? R. 10.

4. Combien il y a de kilomètres dans un myriamètre ? R. 10.

5. Combien il y a de décimètres dans un myriamètre ? R. 100.000. Dans un kilomètre ? R. 10.000. Dans un hectomètre ? 1.000. Dans un décamètre ? R. 100. Dans un mètre ? R. 10.

6. Combien il y a de centimètres dans un myriamètre ? R. 1.000.000. Dans un kilomètre ? R. 100.000. Dans un hectomètre ? R. 10.000. Dans un décamètre ? R, 1.000. Dans un mètre ? R. 100. Dans un décimètre ? R. 10.

7. Combien il y a de millimètres dans un myriamètre ? R. 10.000.000. Dans un kilomètre ? R. 1.000.000. Dans un hectomètre ? R. 100.000. Dans un décamètre ? R. 10.000. Dans un mètre ? R. 1.000. Dans un décimètre ? R. 100. Dans un centimètre ? R. 10.

222. D. *Écrivez en un même nombre 6 myriamètres, 6 kilomètres, 4 hectomètres, 8 décamètres, 7 mètres, 5 décimètres, 8 centimètres, 9 millimètres.*

	Myria.	Kilo.	Hecto.	Déca.	Mètres.	Déci.	Centi.	Milli.
R.	6	6	4	8	7 M.	5	8	9

223. D. *Que voit-on par ce dernier exemple ?*

R. Que les nombres, dans le système métrique, s'écrivent comme les nombres décimaux, c'est-à-dire, que les décamètres occupent la place des dizaines ; les hecto, celle des centaines ; les kilo, celle des mille ; les myria, celle des dizaines de mille : et les décimètres, celle des dixièmes ; les centimètres, celle des centièmes, etc.

De l'Addition des Mesures de longueur.

224. D. *Faites les additions suivantes :*

1. Un marchand ambulant a vendu 40 mètres 6 décimètres, 187 mètres 4 centimètres, 96 mètres 65 centimètres : combien en a-t-il vendu en tout ? R. 324 mètres 29 centimètres.

2. Une pièce de toile contient 58 mètres 75 centimètres ; une autre en contient 28 mètres 5 centimètres; une troisième, 37 mètres 25 millimètres ; une quatrième, 17 mètres 5 décimètres : combien y a-t-il de mètres et de parties de mètre dans les quatre pièces ? R. 141 mètres 325 millimètres.

3. On a coupé 16 mètres 7 décimètres d'une pièce d'étoffe, et il en reste encore 8 mètres 205 millimètres : Quelle était la longueur de la pièce ? R. 24 mètres 905 millimètres.

4. Un tisserand a fait, dans un mois, trois pièces de toile ; la première avait de longueur 49 mètres 5 centimètres ; la seconde, 78 mètres 5 décimètres ; et la troisième, 86 mètres 5 millimètres : on demande la longueur totale des trois pièces ? R. 213 mètres 555 millimètres.

De la Soustraction des Mesures de Longueur.

225. D. *Faites les soustractions suivantes :*

1. Deux pièces de mousseline ont de longueur, la première 47 mètres 9 décimètres, la seconde, 39 mètres 35 millimètres : de combien la première surpasse-t-elle la seconde ? R. de 8 mètres 875 millimètres.

2. Un marchand a vendu 19 mètres 5 centimètres dans une pièce d'étoffe qui en avait 27 mètres 45 centimètres : combien en a-t-il encore à vendre ? R. 8 mètres 40 centimètres.

3. Un sapin a 34 mètres 50 centimètres de hauteur, un autre n'a que 29 mètres 75 millimètres : de combien le premier surpasse-t-il le second ? R. de 5 mètres 425 millimètres.

4. Deux menuisiers ont fait dans un bâtiment, l'un 87 mètres 8 décimètres de boiserie, l'autre 109 mètres 25 millimètres : combien le second en a-t-il fait de plus que le premier ? R. 21 mètres 225 millimètres.

De la Multiplication des Mesures de Longueur.

226. D. *Faites les multiplications suivantes :*

1. Combien faut-il de mètres de toile pour confectionner 87 chemises, quand, pour une chemise, il en faut 4 mètres 105 millimètres ? R. 357 mètres 135 millimètres.

2. Quand un tisserand fait 12 mètres 40 centimètres de toile par jour, combien 18 tisserands, travaillant pendant 45 jours, en feront-ils ? R. 10.044 mètres.

3. Combien y a-t-il de mètres de velours dans 9 pièces, lorsqu'une pièce de même longueur en contient 28 mètres 60 centimètres ? R. 257 mètres 40 centimètres.

4. Combien faut-il de mètres de drap pour confectionner 17 habits, quand, pour un habit, il faut 1 mètre 905 millimètres ? R. 32 mètres 385 millimètres.

De la Division des Mesures de Longueur.

227. D. *Faites les divisions suivantes :*

1. Combien faudrait-il de pièces d'étoffe longues chacune de 36 mètres 40 centimètres, pour faire une longueur de 436 mètres 80 centimètres ? R. 12.

2. Une pièce de toile contient 27 mètres 85 centimètres : combien de fois sera-t-elle contenue dans une autre qui a 139 mètres 25 centimètres ? R. 5.

3. Un juif a vendu 210 mètres de drap dans 24 jours : combien en a-t-il vendu par jour ? R. 8 mètres 75 centimètres.

4. Seize coupons de drap forment ensemble une longueur de 472 mètres : combien chaque coupon en contient-il ? R. 29 mètres 5 décimètres.

Je me dispense de donner des questions sur les mesures itinéraires, parce qu'elles sont analogues à celles que j'ai données sur les mesures de longueur.

LEÇON VINGT-SIXIÈME.

Exercices sur les Mesures de Superficie.

228. D. *Dites :*

1. Combien il y a de décimètres carrés dans un mètre carré ? R. 100.

2. Combien il y a de centimètres carrés dans un décimètre carré ? R. 100. Dans un mètre carré ? R. 10.000.

3. Combien il y a de millimètres carrés dans un centimètre carré ? R. 100. Dans un décimètre carré ? R. 10.000. Dans un mètre carré ? R. 1.000.000.

4. Combien il faut de décimètres carrés pour former 3 mètres carrés ? R. 300.

5. Combien il faut de centimètres carrés pour former 4 décimètres carrés ? R. 400. Et 2 mètres carrés ? R. 20.000.

6. Combien il faut de millimètres carrés pour former 9 centimètres carrés ? R. 900.

7. Combien il faut de millimètres carrés pour former 5 mètres carrés 65 décimètres carrés ? R. 5.650.000.

8. Combien il faut de millimètres carrés pour former 16 décimètres carrés ? R. 160.000.

9. Combien il y a de millimètres carrés dans 6 mètres carrés 8 centimètres carrés ? R. 6.000.800.

229 D. *Prouvez sur le tableau, qu'un mètre carré vaut 100 décimètres carrés, ou 10.000 centimètres carrés, ou 1.000.000 de millimètres carrés ?*

R. Je suppose que la figure suivante, A B C D, soit un mètre carré.

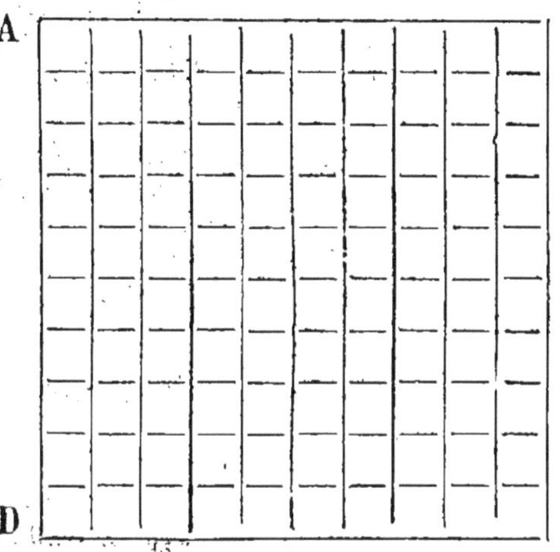

Si je divise la longueur AB et la largeur AD en 10 parties égales, chacune de ces parties aura un décimètre de longueur. Si maintenant je tire par chaque point de division les lignes représentées, j'aurai dans chaque rangée horizontale 10 petits carrés d'un décimètre de côté, c'est-à-dire 10 décimètres carrés : et comme j'ai 10 rangées semblables dans le mètre carré, je dis qu'il vaut 10 fois 10 décimètres carrés ou 100 décimètres carrés.

Par un raisonnement tout-à-fait semblable, je prouverai qu'un décimètre carré vaut 100 centimètres carrés, etc.

230. D. *Que voit-on par ce qui précède ?*

R. Qu'un dixième de mètre carré et un décimètre carré ne sont pas la même chose. En effet, un dixième de mètre carré est la dixième partie du carré qui a un mètre de côté, tandis que le décimètre carré n'en est que la centième partie.

De l'Addition des Mesures de Superficie.

231. D. *Faites les additions suivantes :*

1. Un particulier a acheté cinq terrains de contenances différentes : le premier mesure 7.684 mètres carrés, le second 4.987, le troisième 28.572, le quatrième 920, et le cinquième 1.278 : quel

est le total en mètres carrés de son acquisition? R. 43.435 mètres carrés.

2. Un commerçant a acheté trois champs, deux prés et 2 jardins; les champs contiennent 6.938 mètres carrés, les prés en contiennent 4.758 et 46 centimètres carrés, les jardins contiennent 1.867 mètres carrés 75 décimètres carrés : combien ces trois acquisitions contiennent-elles de mètres carrés? R. 13.563 mètres carrés 75 décimètres carrés et 46 centimètres carrés, ou 7.546 centimètres carrés.

3. Un bâtiment se compose de trois pièces; la superficie de la première est de 10 mètres carrés 40 décimètres carrés, celle de la seconde est de 12 mètres carrés 95 millimètres carrés, et celle de la troisième est de 8 mètres carrés 487 millimètres carrés : on demande la superficie totale de ce bâtiment? R. 30 mètres carrés 400.582 millimètres carrés.

De la Soustraction des Mesures de Superficie.

232. D. *Faites les soustractions suivantes :*

1. On demande en mètres carrés la différence de deux propriétés dont la première a 16.274 mètres carrés, et la seconde 12.987 mètres carrés? R. 3.287 mètres carrés.

2. Quelle est en mètres carrés la différence de deux terrains dont le premier a 8.453 mètres carrés 60 centimètres carrés, et le second 7.627 mètres carrés 695 millimètres carrés? R. 826 mètres carrés 005.305 millimètres carrés.

3. Deux propriétaires désirent faire l'échange d'un pré contre un jardin; le pré contient 6.935 mètres carrés 84 décimètres carrés, le jardin ne contient que 5.876 mètres carrés 470 millimètres carrés : on demande quelle doit être la surface d'un troisième jardin, donné avec le second, pour que les deux propriétaires ne perdent rien à l'échange? R. 1.059 mètres carrés 83 décimètres carrés 95 centimètres carrés 30 millimètres carrés.

De la Multiplication des Mesures de Superficie.

233. D. *Faites les multiplications suivantes :*

1. 6 particuliers ont acheté chacun une propriété de 3.745 mètres carrés 815 millimètres carrés chacune; on demande la surface totale des six propriétés? R. 22.470 mètres carrés 004.890 millimètres carrés.

2. On demande la superficie totale d'un terrain dont la surface est équivalente à 9 autres surfaces de chacune 916 mètres carrés 8 décimètres 5 millimètres carrés? R. 8.244 mètres carrés 720.045 millimètres carrés.

3. Un propriétaire a 16 héritages qui ont chacun 1.426 mètres 5 décimètres carrés : on demande en mètres carrés la superficie totale de ses héritages? R. 22.816 mères carrés 80 décimètres carrés.

De la Division des Mesures de Superficie.

234. D. *Faites les divisions suivantes:*

1. On demande la superficie d'une propriété, quand 25 propriétés semblables contiennent ensemble 10.462 mètres carrés 50 décimètres carrés? R. 418 mètres carrés 50 décimètres carrés.

2. Un terrain d'une contenance de 54.768 mètres 35 décimètres carrés doit être partagé entre 7 héritiers : on demande en mètres carrés la part de chacun? R. 7.824 mètres carrés 05 décimètres carrés.

3. Dans le château de Cirey, il y a 100 croisées qui ont pour elles toutes une surface de 294 mètres carrés : on demande la surface d'une seule? R. 2 mètres carrés 94 décimètres carrés.

4. Quel est le nombre qui, étant multiplié par 20, donne 56.470 mètres carrés 60 décimètres carrés? R. 2.823 mètres carrés 53 décimètres carrés.

LEÇON VINGT-SEPTIÈME.

Exercices sur les Mesures topographiques.

235. D. *Dites :*

1. Combien il y a de mètres carrés dans un décamètre carré? R. 100. Dans un hectomètre carré? R. 10.000. Dans un kilomètre carré? R 1.000.000. Dans un myriamètre carré? R. 100.000.000.

2. Combien il y a d'hectomètres carrés dans un kilomètre carré? R. 100.

3. Combien il y a de kilomètres carrés dans un myriamètre carré? R. 100.

4. Combien il y a de kilomètres carrés dans 16.000 hectomètres carrés? R. 160.

5. Combien il y a de myriamètres carrés dans 12.000 hectomètres carrés? R. 1 myriamètre 2 décimètres.

De l'Addition des Mesures topographiques.

236. D. *Faites les additions suivantes.*

1. On demande la superficie totale de trois communes, dont la première a 16 myriamètres carrés 17 kilomètres carrés, la seconde 12 myriamètres 9 kilomètres 64 hectomètres carrés, et la troisième 14 myriamètres carrés 85 hectomètres carrés? R. 42 myriamètres 27 kilomètres 49 hectomètres, ou 422.749 hectomètres carrés.

2. On demande la superficie totale de 3 cantons, dont les superficies partielles sont, savoir : celle du premier 30 myriamètres carrés 24 kilomètres 35 hectomètres carrés, celle du second 38 myriamètres carrés 68 kilomètres, et celle du troisième 40 myriamètres 7 hectomètres carrés? R. 108 myriamètres 92 kilomètres 42 hectomètres carrés, ou 1.089.242 hectomètres carrés.

De la Soustraction des Mesures topographiques.

237. D. *Faites les soustractions suivantes :*

1. La superficie totale de deux communes est de 32 myriamètres carrés 8 kilomètres : on demande la superficie de l'une des deux quand l'autre a 15 myriamètres carrés 67 hectomètres? R. 17 myriamètres 07 kilomètres 23 hectomètres carrés, ou 170.723 hectomètres carrés.

2. Un canton a 38 myriamètres carrés, un autre a 34 myriamètres 4 kilomètres 9 hectomètres carrés : combien le premier a-t-il de plus que le second? R. 3 myriamètres 95 kilomètres 91 hectomètres, ou 39.591 hectomètres carrés.

De la Multiplication des Mesures topographiques.

238. D. *Faites les multiplications suivantes :*

1. On demande le produit de 9 myriamètres carrés 8 kilomètres 6 hectomètres multipliés par 17? R. 154 myriamètres 37 kilomètres 02 hectomètres, ou 1.543.702 hectomètres carrés.

2. La superficie partielle de 14 Communes est de 10 myriamètres 24 hectomètres : on demande leur superficie totale? R. 140

myriamètres 03 kilomètres 56 hectomètres carrés, ou 1.400.536 hectomètres carrés.

De la Division des Mesures topographiques.

239. D. *Faites les divisions suivantes :*

1. Une superficie de 9 myriamètres carrés 39 kilomètres 60 hectomètres est à partager entre 45 particuliers : on demande la part de chacun ? R. 20 kilomètres carrés 88 hectomètres, ou 2.088 hectomètres carrés.

2. Partagez 227 myriamètres carrés 1 kilomètre 50 hectomètres entre 25 communes ? R. 9 Myriamètres 08 kilomètres 06 hectomètres carrés, ou 90.806 hectomètres carrés.

LEÇON VINGT-HUITIÈME.

Exercices sur les Mesures agraires.

240 D. *Dites :*

1. Combien il y a de centiares dans l'are ? R. 100.
2. Combien il y a de centiares dans l'hectare ? R. 10.000.
3. Combien il y a d'ares dans l'hectare ? R. 100.
4. Combien il faut de centiares pour faire un are ? R. 100.
5. Combien il faut de centiares pour faire un hectare ? R. 10.000.
6. Combien il faut d'ares pour faire un hectare ? R. 100.
7. Combien il y a d'ares dans 1.000 centiares ? R. 10.
8. Combien il y a d'hectares dans 100.000 centiares ? R. 10.

De l'addition des Mesures agraires.

241. D. *Faites les additions suivantes :*

1. Un particulier possède quatre prés qui contiennent, savoir : le premier 38 ares 60 centiares, le second 96 ares 8 centiares, le troisième 75 ares 85 centiares, et le quatrième 3 hectares 20 centiares : on demande la superficie totale de ses quatre prés ? R. 5 hectares 10 ares 73 centiares.

2. Un propriétaire a acheté dans une vente 1° 6 hectares de terres labourables ; 2° 78 ares 9 centiares de jardins ; 3° 89 ares 45 centiares de pré ; 4° 17 ares 6 centiares de vignes : quelle est en

hectares, en ares et en centiares, la superficie totale des biens qu'il a achetés? R. 7 hectares 84 ares 60 centiares.

3. Une commune possède 687 hectares 98 ares 64 centiares de terres labourables, 98 hectares 65 ares 8 centiares de pré, 2 hectares 76 ares 7 centiares de jardins, 89 ares 45 centiares de vignes, 167 hectares 86 ares 6 centiares de bois : quelle est, en hectares, en ares, et en centiares, la superficie totale des immeubles de cette commune? R. 1,046 hectares 26 ares 30 centiares.

De la Soustraction des Mesures agraires.

242. D. *Faites les soustractions suivantes :*

1. Quelle est en hectares, la différence de deux pièces de terre dont la première contient 815 hectares 65 ares, et la seconde 686 hectares 8 ares? R. 129 hectares 57 ares.

2. Deux particuliers ont acheté entre eux une propriété qui contient 7 hectares 9 ares 50 centiares ; l'un des deux prend 3 hectares 60 ares 8 centiares : combien reste-t-il à l'autre? R. 3 hectares 49 ares 42 centiares.

3. Deux propriétaires font un échange entr'eux ; l'un donne à l'autre un terrain de 1 hectare 85 centiares contre un autre qui ne contient que 98 ares 6 centiares : on demande combien ce dernier doit rendre au premier pour que les terrains échangés soient égaux en superficie? R. 2 ares 79 centiares.

De la Multiplication des Mesures agraires.

243. D. *Faites les multiplications suivantes :*

1. On demande la superficie totale de 19 pièces de terres labourables, quand l'une contient 67 ares 5 centiares? R. 12 hectares 73 ares 95 centiares.

2. 8 particuliers ont acheté chacun une ferme de même superficie : on demande la superficie totale quand l'un d'eux a 3 hectares 7 ares 5 centiares? R. 24 hectares 56 ares 40 centiares.

3. On demande la superficie totale de trois terrains semblables, quand l'un contient 1 hectare 1 are 1 centiare? R. 3 hectares 03 ares 03 centiares.

De la Division des Mesures agraires.

244. D. *Faites les divisions suivantes :*

1. Une propriété de 73 hectares 47 ares 60 centiares doit être

partagée entre 9 héritiers par égales portions : on demande la part de chacun ? R. 8 hectares 16 ares 40 centiares.

2. Quel est le nombre qui, multiplié par 28, donne 4 hectares 49 ares 40 centiares ? R. 16 ares 5 centiares.

3. 40 ouvriers ont défriché 86 hectares 96 ares 40 centiares de forêt : combien chacun en a-t-il défriché ? R. 2 hectares 17 ares 41 centiares.

LEÇON VINGT-NEUVIÈME.

Exercices sur les Mesures de Solidité.

245. D. *Dites :*

1. Combien il y a de millimètres cubes dans un centimètre cube ? R. 1.000.
2. Combien il y a de millimètres cubes dans un décimètre cube? R. 1.000.000.
3. Combien il y a de millimètres cubes dans un mètre cube? R. 1.000.000.000.
4. Combien il y a de centimètres cubes dans un décimètre cube ? R. 1.000.
5. Combien il y a de centimètres cubes dans un mètre cube ? R. 1.000.000.
6. Combien il y a de décimètres cubes dans un mètre cube ? R. 1.000.
7. Combien il y a de mètres cubes dans 1.000.000.000 millimètres cubes ? R. 1.
8. Combien il y a de mètres cubes dans 1.000.000 centimètres cubes ? R. 1.
9. Combien il y a de mètres cubes dans 1.000 décimètres cubes? R. 1.

De l'Addition des Mesures de Solidité.

246. D. *Faites les additions suivantes :*

1. Un entrepreneur a acheté 4 blocs de pierre qui contiennent chacun, savoir : le premier 0 mètre cube 785 décimètres cubes, le second, 864.590 centimètres cubes, le troisième 908 décimètres cubes, et le quatrième 698.770 centimètres cubes : combien a-t-il

acheté de mètres cubes? R. 3 mètres cubes 256 décimètres cubes 360 centimètres cubes.

2. Pour arriver à la construction définitive d'un bâtiment, le propriétaire a eu besoin 1° d'un sapin cubant 1 mètre 89 décimètres 178 centimètres; 2° d'un chêne cubant 2 mètres 8 décimètres 85 centimètres; 3° d'un hêtre cubant 1 mètre 465 centimètres ; 4° et d'un peuplier cubant 985 décimètres 165 centimètres : on demande le nombre de mètres dont ce propriétaire a encore eu besoin pour achever la construction de son bâtiment? R. 5 mètres 082 décimètres 893 centimètres cubes.

3. Ecrivez 1° 7 mètres cubes 18 décimètres cubes 9 centimètres cubes ; 2° 4 mètres cubes 25 décimètres cubes 45 centimètres cubes 425 millimètres cubes; 3° 12 mètres cubes 85 millimètres cubes; et dites le total de ces trois nombres? R. 23 mètres cubes 043 décimètres cubes 054 centimètres cubes 510 millimètres cubes.

De la Soustraction des Mesures de Solidité.

247. D. *Faites les Soustractions suivantes :*

1° Un bloc de pierre cube 0 mètre 98 décimètres 967 centimètres cubes; un autre cube 75 décimètres 895 centimètres 90 millimètres cubes : on demande la différence de l'un sur l'autre? R. 0 mètre 023 décimètres 071 centimètres 910 millimètres cubes.

2. Combien manque-t-il à un chêne qui a 1 mètre 478 centimètres cubes pour qu'il ait 1 mètre 607 décimètres cubes? R. 606 décimètres 522 centimètres cubes.

3. Une colonne qui devait avoir 4 mètres 5 décimètres cubes, n'a que 3 mètres 75 décimètres 60 centimètres cubes : on demande combien il s'en manque pour qu'elle ait sa véritable solidité? R. 929 décimètres 940 centimètres cubes.

De la Multiplication des Mesures de Solidité.

248. *Faites les multiplications suivantes :*

1. Une colonne contient 3 mètres 65 décimètres cubes ; combien 8 autres colonnes de mêmes dimensions contiendront-elles? R. 24 mètres cubes 520 décimètres cubes.

2. On veut clore de murs un terrain de forme carrée; si, pour un des côtés il faut 87 mètres 365 centimètres cubes, combien en faudra-t-il pour les quatre côtés? R. 348 mètres 001 décimètre 460 centimètres cubes.

3. Pour l'entretien d'un chemin, il faut par mois 16 mètres 48 décimètres 76 centimètres cubes de pierres : on demande combien il en faudra pour l'entretenir pendant un an ? R. 192 mètres 576 décimètres 912 centimètres cubes.

De la Division des Mesures de Solidité.

249. D. *Dites :*

1. Combien il faut de pierres de 0 mètre 16 décimètres cubes pour la construction d'un mur qui a 808 mètres cubes ? R. 50.500.

2. Combien il faut de briques de 3 décimètres cubes pour la construction de cinq murs qui ont chacun 16 mètres 800 décimètres cubes ? R. 28.000.

3. Quel est le volume d'une brique, lorsqu'il en est entré 56.000 dans la construction d'un mur qui a 168 mètres cubes. R. 3 décimètres cubes.

LEÇON TRENTIÈME.

Exercices sur les Mesures employées pour le bois de chauffage.

250. D. *Dites :*

1. Combien il y a de décistères dans 1 stère. R. 10.
2. Combien il y a de décistères dans 9 stères ? R. 90.
3. Combien il y a de stères dans 10 décistères ? R. 1.
4. Combien il y a de stères dans 180 décistères ? R. 18.

De l'Addition des Mesures employées pour le bois de chauffage.

251. D. *Faites les additions suivantes :*

1. Un particulier a vendu trois coupes ; la première contenait 678 stères 9 décistères ; la seconde, 708 stères 6 décistères ; et la troisième, 96 stères 5 décistères : quel est le nombre de stères qu'il a vendus ? R. 1.484.

2. Un négociant a acheté 86 stères de bois de sapin, 128 stères 7 décistères de hêtre, 75 stères de chêne, 16 stères 8 décistères de

de cerisier, et 9 stères 5 décistères de noyer : combien en a-t-il acheté en tout? R. 316 stères.

3. Trois particuliers ont acheté du bois pour leur consommation; le premier en a acheté 19 stères 6 décistères; le second, 27 stères 4 décistères, et le troisième, 24 stères 5 décistères : on demande le nombre de stères qu'ils ont achetés entr'eux? R. 71 stères 5 décistères.

De la Soustraction des Mesures employées pour le bois de chauffage.

252. D. *Faites les soustractions suivantes :*

1. Une pile de bois contient 67 stères 3 décistères; une autre en contient 58 stères 8 décistères : on demande de combien l'une en contient de plus que l'autre? R. 8 stères 5 décistères.

2. On demande la différence qui existe entre 605 stères et 497 stères 5 décistères? R. 107 stères 5 décistères.

3. Dans une coupe affouagère il y a 306 stères de bois de hêtre et 187 stères de bois de chêne : on demande de combien le hêtre surpasse le chêne? R. De 119 stères.

De la Multiplication des Mesures employées pour le bois de chauffage.

253. D. *Faites les multiplications suivantes :*

1. Dans un affouage on a fait 187 lots contenant chacun 14 stères 7 décistères : combien contiennent-ils ensemble? R. 2.748 stères 9 décistères.

2. On flotte sur une rivière 487 stères 5 décistères par mois : combien en flottera-t-on dans 2 ans? R. 11 700 stères.

3. 19 particuliers ont acheté chacun 98 stères 3 décistères de bois : on demande en stères et parties de stères la quantité de bois qu'ils ont acheté? R. 1.867 stères 7 décistères.

De la Division des Mesures employées pour le bois de chauffage.

254. D. *Faites les divisions suivantes :*

1. On veut partager 1.111 stères 5 décistères entre 117 affouagistes ; on demande la part de chacun? R. 9 stères 5 décistères.

2. Si, dans 47 lots, il y a 592 stères 2 décistères de bois, combien y en aura-t-il dans un? R. 12 stères 6 décistères.

3. 37 hêtres ont produit 473 stères 6 décistères de bois : combien chaque hêtre en a-t-il produit? R. 12 stères 8 décistères.

LEÇON TRENTE-UNIÈME.

Exercices sur les Mesures de capacité.

255. D. *Dites :*

1. Combien il y a de décilitres dans un litre? R. 10.
2. Combien il y a de décilitres dans un décalitre? R. 100.
3. Combien il y a de centilitres dans un litre? R. 100.
4. Combien il y a de centilitres dans un décalitre? R. 1.000.
5. Combien il y a de décilitres dans un hectolitre? R. 1.000.
6. Combien il y a de centilitres dans un hectolitre? R. 10.000.
7. Combien il y a de centilitres dans un décilitre? R. 10.
8. Combien il y a de litres dans un décalitre? R. 10.
9. Combien il y a de litres dans un hectolitre? R. 100.
10. Combien il y a de litres dans un kilolitre? R. 1.000.

De l'Addition des Mesures de capacité.

256. D. *Faites les additions suivantes :*

1. Un vigneron a dans une cave cinq pièces de vin dont la contenance est pour la première, de 4 hectolitres 7 décalitres 9 litres; pour la seconde, de 3 hectolitres 45 litres 8 décilitres; pour la troisième, de 6 hectolitres 9 décalitres 45 centilitres; pour la quatrième, de 5 hectolitres 8 décilitres 5 centilitres, et pour la cinquième de 2 hectolitres 55 litres 4 décilitres : quelle est la contenance totale? R. 22 hectolitres 7 décalitres 1 litre 5 décilitres.

2. Un cultivateur a rentré 326 hectolitres 7 décalitres 8 litres de blé, 209 hectolitres 70 litres 5 décilitres d'avoine, 4 hectolitres 19 litres 60 centilitres de pois, 60 hectolitres 85 litres d'orge, 185 litres 5 décilitres de lentilles : on demande combien il a rentré en tout? R. 603 hectolitres 3 décalitres 8 litres 6 décilitres.

3. Un commissionnaire a conduit, dans un premier voyage, 27 hectolitres 60 litres de vin; dans un second, 30 hectolitres 5 décilitres; dans un troisième, 24 hectolitres 9 litres 5 décilitres; et dans

un quatrième, 28.400 litres : combien en a-t-il conduit en tout? R. 365 hectolitres 7 décalitres.

De la Soustraction des Mesures de Capacité.

257. D. *Faites les soustractions suivantes :*

1. Un marchand avait dans sa cave 409 hectolitres 5 litres, il en a vendu 265 hectolitres 8 décalitres : combien en a-t-il encore à vendre? R. 143 hectolitres 2 décalitres 5 litres.

2. Un fermier a récolté dans une année 375 hectolitres 85 litres de graines de différentes espèces ; une autre année il n'a récolté que 287 hectolitres 5 décilitres : de combien la plus forte récolte surpasse-t-elle la plus faible? R. De 88 hectolitres 8 décalitres 4 litres 5 décilitres.

3. Dans un grenier, il y a 16 hectolitres 45 litres de blé, dans un autre, il n'y en a que 9 hectolitres 75 centilitres : combien y en a-t-il de plus dans le premier que dans le second? R. 7 hectolitres 4 décalitres 4 litres 25 centilitres.

De la Multiplication des Mesures de Capacité.

258. D. *Faites les multiplications suivantes :*

1. Un tonneau contient 6 hectolitres 7 litres 5 décilitres ; quelle sera la contenance de 16 tonneaux de même grandeur? R. 97 hectolitres 2 décalitres.

2. Un commerçant a 65 sacs qui contiennent chacun 1 hectolitre 6 décalitres 9 litres : combien a-t-il d'hectolitres en tout? R. 109 hectolitres 8 décalitres 5 litres.

3. Combien y a-t-il de litres de vin dans 496 fioles qui contiennent chacune 25 centilitres? R. 124 litres.

4. Combien y a-t-il d'hectolitres de vin dans 9 barils qui contiennent chacun 85 litres 5 centilitres? R. 7 hectolitres 65 litres 45 centilitres.

De la Division des Mesures de Capacité.

259. D. *Faites les divisions suivantes :*

1. 16 tonneaux contiennent 44 hectolitres 6 décalitres 4 litres de vin : quelle est la contenance de chacun? R. 2 hectolitres 7 décalitres 9 litres.

2. 46 barils contiennent ensemble 45 hectolitres 42 litres 5 décilitres : quelle est la capacité de chacun? R. 98 litres 75 centilitres.

3. Un aubergiste a vendu 49 hectolitres 7 litres 5 décilitres de vin en 65 jours : combien en a-t-il vendu par jour ? R. 75 litres 5 décilitres.

4. Combien y a-t-il d'hectolitres dans 87.600 décilitres? R. 87 hectolitres 6 décalitres.

LEÇON TRENTE-DEUXIÈME.

Exercices sur les Mesures de Poids.

260. D. *Dites :*

1. Combien il y a de milligrammes dans 1 centigramme? R. 10. Dans 1 décigramme? R. 100. Dans 1 gramme? R. 1.000. Dans 1 décagramme? R. 10.000. Dans 1 hectogramme ? R. 100.000. Dans 1 kilogramme? R. 1.000.000. Dans 1 myriagramme ? R. 10.000.000.

2. Combien il y a de centigrammes dans 1 décigramme? R. 10. Dans 1 gramme? R. 100. Dans 1 décagramme? R. 1.000. Dans 1 hectogramme ? R. 10.000. Dans 1 kilogramme? R. 100.000. Dans 1 myriagramme? R. 1.000.000.

3. Combien il y a de décigrammes dans 1 gramme ? R. 10. Dans 1 décagramme? R. 100. Dans 1 hectogramme? R. 1.000. Dans 1 kilogramme? R. 10.000. Dans 1 myriagramme? R. 100.000.

4. Combien il y a de grammes dans 1 décagramme? R. 10. Dans 1 hectogramme? R. 100. Dans 1 kilogramme? R. 1.000. Dans 1 myriagramme? R. 10.000.

5. Combien il y a de décagrammes dans 1 hectogramme? R. 10. Dans 1 kilogramme? R. 100. Dans 1 myriagramme? R. 1.000.

6. Combien il y a d'hectogrammes dans 1 kilogramme R. 10. Dans 1 myriagramme? R. 100.

7. Combien il y a de kilogrammes dans 1 myriagramme? R. 10.

8. Combien il y a de myriagrammes dans 10.000.000 de milligrammes? R. 1.

9. Combien il y a de kilogrammes dans 1.000.000 de milligrammes? R. 1.

10. Combien il y a de hectogrammes dans 100.000 milligrammes? R. 1.

11. Combien il y a de décagrammes dans 10.000 milligrammes? R. 1.

12. Combien il y a de grammes dans 1.000 milligrammes? R. 1.

13. Combien il y a de décagrammes dans 10.000.000 de centigrammes? R. 10.000.

De l'Addition des Mesures de Poids.

261. D. *Faites les additions suivantes :*

1. Un marchand épicier a acheté trois sacs de sel : le premier pèse 98 kilogrammes 8 hectogrammes 6 décagrammes 5 grammes, le second 106 kilogrammes 25 grammes 6 décigrammes, et le troisième 102 kilogrammes 4 décagrammes 4 décigrammes : quel est le poids total de son acquisition? R. 306 kilogrammes 9 hectogrammes 3 décagrammes 1 gramme.

2. Un commissionnaire s'est chargé du transport de 4 caisses de marchandises, dont le poids respectif de chacune d'elles est comme il suit, savoir : celui de la première est de 190 kilogrammes 9 grammes, celui de la seconde de 126 kilogrammes 8 décagrammes 4 décigrammes, celui de la troisième de 176 kilogrammes 6 hectogrammes 4 grammes, et celui de la quatrième de 219 kilogrammes 6 décigrammes : quel est le poids total du chargement? R. 711 kilogrammes 6 hectogrammes 9 décagrammes 4 grammes, ou 711.694 grammes.

3. Un épicier a vendu 107 kilogrammes 5 décagrammes de sel, 96 kilogrammes 25 grammes de sucre, 9 hectogrammes 5 grammes de café, et 45 kilogrammes 7 décagrammes de savon : quel est le poids total de sa vente? R. 249 kilogrammes 5 décagrammes, ou 24.905 décagrammes.

De la Soustraction des Mesures de Poids.

262. D. *Faites les soustractions suivantes :*

1. On demande la différence de deux poids, dont l'un pèse 89 kilogrammes 45 grammes, et l'autre 74 kilogrammes 27 décigrammes? R. 15 kilogrammes 4 décagrammes 2 grammes 3 décigrammes.

2. Un épicier a acheté 68 kilogrammes 2 hectogrammes 8 grammes de sucre; on lui en a livré 49 kilogrammes 7 décagrammes 5 décigrammes : combien lui en revient-il encore? R. 19 kilogrammes 1 hectogramme 3 décagrammes 7 grammes 5 décigrammes.

3. Une caisse pèse 148 kilogrammes 9 grammes, une autre pèse 109 kilogrammes 4 hectogrammes 5 décagrammes 9 grammes : de combien s'en manque-t-il pour que le poids de la seconde soit égal à celui de la première ? R. 38 kilogrammes 5 hectogrammes 5 décagrammes.

De la Multiplication des Mesures de Poids.

263. D. *Faites les multiplications suivantes :*

1. On demande le poids de 17 caisses pesant chacune 208 kilogrammes 8 décagrammes ? R. 3.537 kilogrammes 3 hectogrammes 6 décagrammes.

2. On demande le poids de 24 couverts d'argent, si chacun pèse 98 grammes 20 centigrammes ? R. 23 hectogrammes 5 décagrammes 6 grammes 8 décigrammes.

3. On demande le poids de 67 sacs de blé, lorsque le sac pèse 96 kilogrammes 5 décigrammes ? R. 9.216 kilogrammes 4 décagrammes 8 grammes.

4. Quel est le poids de 18 blocs de marbre pesant chacun 306 kilogrammes 5 hectogrammes 25 grammes ? R. 5.517 kilogrammes 4 hectogrammes 5 décagrammes.

De la Division des Mesures de Poids.

264. D. *Faites les divisions suivantes :*

1. 48 sacs de blé pèsent ensemble 4.678 kilogrammes 8 hectogrammes : on demande le poids de chaque sac ? R. 97 kilogrammes 4 hectogrammes 7 décagrammes 5 grammes.

2. 7 journaliers doivent porter entr'eux 4.466 kilogrammes 56 décagrammes : on demande le poids que chacun d'eux devra porter, sachant que tous doivent porter un poids égal ? R. 638 kilogrammes 8 décagrammes.

3. 24 blocs de marbre pèsent ensemble 2.978 kilogrammes 4 décagrammes : quel est le poids de chacun d'eux ? R. 124 kilogrammes 8 décagrammes 5 grammes.

LEÇON TRENTE-TROISIÈME.

Exercices sur les Mesures monétaires.

265. D. *Dites :*

1. Combien il y a de centimes dans 1 décime ? R. 10.

2. Combien il y a de centimes dans 1 franc? R. 100.
3. Combien il y a de décimes dans 1 franc? R. 10.
4. Combien il y a de francs dans 10 décimes? R. 1.
5. Combien il y a de francs dans 100 centimes? R. 1.
6. Combien il y a de décimes dans 10 centimes? R. 1.
7. Combien il y a de francs dans 7.000 décimes, ou 70.000 centimes? R. 700 francs.

De l'Addition des Mesures monétaires.

266. D. *Faites les additions suivantes :*

1. Un commerçant a acheté du blé pour 2.684 francs 05 centimes, de l'avoine pour 1.485 francs 5 décimes, de l'orge pour 1.706 francs 075 millièmes, et du vin pour 3.120 francs 025 millièmes : on demande pour combien il a acheté en tout? R. 8.995 francs 65 centimes.

2. Un propriétaire a une maison estimée à 9.787 fr. 85 centimes, des prés estimés à 16.215 francs 05 centimes, des terres estimées à 10.846 francs 095 millièmes, des jardins estimés à 3.151 francs 005 millièmes : on demande la fortune réelle de ce propriétaire? R. 40.000 francs.

3. Un propriétaire a vendu pour trois sommes différentes : la première est de 2.198 francs 50 centimes, la seconde de 612 francs 405 millièmes, et la troisième de 4.875 francs 095 millièmes : pour combien a-t-il vendu en tout? R. 7.686 francs.

De la Soustraction des Mesures monétaires.

267. D. *Faites les soustractions suivantes :*

1. Un propriétaire a acheté un bien pour la somme de 8.513 fr., à-compte de laquelle il a payé 6.496 francs 25 centimes : on demande combien ce propriétaire redoit sur son acquisition? R. 2.016 francs 75 centimes.

2. 2 propriétés sont estimées, l'une à 26.804 francs 6 décimes, l'autre à 24.385 francs 95 centimes: de combien la première surpasse-t-elle la seconde? R. 2.418 francs. 65 centimes.

3. Quelle est la différence de 17.986 francs 80 centimes avec 15.698 francs 95 centimes? R. 2.287 francs 85 centimes.

De la Multiplication des Mesures monétaires.

268. D. *Faites les multiplications suivantes :*

1. Quel sera le prix de 987 stères de bois, quand 1 stère coûte 4 francs 95 centimes ? R. 4.885 francs 65 centimes.

2. Quand on paie 1.624 francs 50 centimes pour 1 hectare de terrain, combien paiera-t-on pour 18 hectares 40 ares? R. 29.890 francs 80 centimes.

3. Quand le prix de 1 hectolitre de vin est de 32 francs 80 centimes, quel sera le prix de 26 hectolitres 7 décalitres 5 litres ? R. 877 francs 40 centimes.

De la Division des Mesures monétaires.

269. D. *Faites les divisions suivantes :*

1. 27 hectolitres 9 décalitres de vin ont coûté 990 francs 45 centimes ; quel est le prix d'un hectolitre ? R. 35 francs 50 centimes.

2. 13 hectares 8 ares de pré ont été vendus 45.780 francs ; quel est le prix d'un hectare ? R. 3.500 francs.

3. 129 kilogrammes 8 hectogrammes de sucre ont coûté 194 francs 70 centimes ; quel est le prix du kilogramme ? R. 1 franc 50 centimes.

4. 585 stères de bois ont coûté 2.691 francs, à combien revient le stère ? R. 4 francs 60 centimes.

LEÇON TRENTE-QUATRIÈME.

Exercices sur les Mesures de Temps.

270. D. *Dites :*

1. Comment se divise l'année? R. En 12 mois ou 365 jours (*). Le jour? R. En 24 heures. L'heure? R. En 60 minutes. La minute ? R. en 60 secondes.

(*) Dans le calcul, le mois se compte le plus souvent de 30 jours, et l'année de 360 jours. Numéro 215.

2. Combien il y a de jours en 3 ans, 7 mois 20 jours ? R. 1.310 jours.

3. Combien il y a d'années ou de mois en 8.640 jours ? R. 24 ans, ou 288 mois.

4. Combien il y a d'années et de mois en 6.585 jours ? 18 ans 3 mois 15 jours.

De l'Addition des Mesures de Temps.

271. D. *Faites l'addition suivante :*

Un ouvrier a travaillé chez un particulier et en différentes fois savoir : 9 mois 24 jours, plus 1 an 4 mois 16 jours, plus 1 an 8 mois 20 jours : combien de temps a-t-il travaillé en tout chez ce particulier ? R. 3 ans 11 mois.

OPÉRATION.

	9 mois	24 jours.
1 an	4 mois	16 jours.
1 an	8 mois	20 jours.
3 ans	11 mois	0 jour.

Je dis en commençant par la droite : 24 et 16 font 40 et 20 font 60 ; en 60 jours il y a 2 mois, je pose 0 jour et je reporte 2 mois à la colonne des mois ; 2 mois et 9 mois font 11 et 4 font 15 et 8 font 23 ; en 23 mois il y a 1 an 11 mois, j'écris 11 mois et reporte 1 an ; 1 et 1 font 2 et 1 font 3, je pose 3. Cet ouvrier a travaillé 3 ans 11 mois en tout.

De la Soustraction des Mesures de Temps.

272. D. *Faites la soustraction suivante :*

Jacques est âgé de 27 ans 6 mois 18 jours : combien a-t-il de plus que Philippe, son frère, qui n'a que 24 ans 10 mois 28 jours ? R. 2 ans 7 mois 20 jours.

OPÉRATION.

De . .	27 ans	6 mois	18 jours.
Otez. .	24 ans	10 mois	28 jours.
R. . .	2 ans	7 mois	20 jours.

Je dis en commençant par la droite : de 18 j'ôte 28, cela ne se peut, j'ajoute 1 mois qui vaut 30 jours, et 18 font 48 ; de 48 j'ôte 28, il reste 20. De 5, car il y a eu 1 d'emprunté, j'ôte 10, cela ne se peut, j'ajoute 1 an qui vaut 12 mois, et 5 font 17 ; de 17 j'ôte 10, il reste 7. De 26, car il y a eu 1 d'emprunté, j'ôte 24, et il reste 2. Jacques est donc âgé de 2 ans 7 mois 20 jours de plus que Philippe, son frère.

De la Multiplication des Mesures de Temps.

273. D. *Faites la multiplication suivante :*

Un commis gagne 1.800 francs par an, combien gagnera-t-il dans 3 ans 7 mois 18 jours. R. 6.540 francs.

OPÉRATION.

		1.800 francs par an.
		3 ans 7 mois 18 jours.
	5.400	
Pour 6 mois la $\frac{1}{2}$ de 1 an.	900	
1 mois le $\frac{1}{6}$ de 6 mois	150	
15 jours la $\frac{1}{2}$ de 1 mois	75	
3 jours le $\frac{1}{5}$ de 15 jours	15	
Produit. .	6.540 francs.	

Les indications posées en regard de chaque produit partiel, montrent suffisamment la manière de résoudre ces sortes de règles.

De la Division des Mesures de Temps.

274. D. *Faites les divisions suivantes :*

1. *Un employé, après avoir travaillé pendant* 3 *ans* 7 *mois* 18 *jours, a reçu de son patron* 6.540 *francs, combien gagnait-il par jour, par mois et par an ?*

Je reduis d'abord 3 ans 7 mois 18 jours en jours, et je trouve 1.308 jours.

Puisque cet employé, en 1.308 jours, a gagné 6.540 francs, il est évident qu'en 1 jour il gagnait 1.308 fois moins ou 6.540 : 1.308 = 5 francs par jour.

Il gagnait alors par mois 30 fois 5 francs ou $5 \times 30 = 150$ francs, et par an 12 fois 150, ou $150 \times 12 = 1.800$ francs.

Cet employé gagnait donc par jour 5 francs, par mois 150 francs et par an 1.800 francs.

2. *Un bijoutier gagne* 1.800 *francs par an, combien lui faudra-t-il de temps pour gagner* 6.540 *francs.*

Pour résoudre ce problème, je dis : pour gagner 1.800 francs, il faut 1 an, pour gagner 1 franc, il faut 1.800 fois moins, c'est-à-dire $\frac{1}{1800}$. Et pour gagner 6.540 francs, il faut 6.540 fois plus de temps que pour gagner 1 franc, c'est-à-dire $\frac{1}{1800} \times 6.540 = \frac{6540}{1800}$.

Effectuant la division, je trouve 3 ans avec un reste 1.140 ans, que je réduis en 13.680 mois. Je divise ce nouveau dividende partiel par 1.800, et je trouve au quotient 7 mois avec un reste 1.080 mois qui, réduits en jours en les multipliant par 30, font 32.400 jours. Divisant encore ce dernier dividende partiel par 1.800, je trouve au quotient 18 jours. De sorte que ce bijoutier, gagnant 1.800 francs par an, a mis 3 ans 7 mois 18 jours pour gagner 6.540 francs.

LEÇON TRENTE-CINQUIÈME.

Règles de Trois.

275. D. *Qu'appelle-t-on règle de* trois?

R. On appelle règle de *trois* une opération dans laquelle on cherche un *nombre* au moyen de trois quantités connues qui sont données dans l'énoncé de la question.

276. D. *Combien y a-t-il de sortes de* règles de trois?

R. Deux : la règle de trois *simple* et la règle de trois *composée.*

277. D. *Comment résout-on une règle de* trois simple?

R. Pour résoudre une règle de *trois simple*, il suffit, sans le secours des proportions, d'employer les seules combinaisons des quatre règles pour en arriver facilement à la solution des problèmes : cette voie est la plus courte, puisque toutes les opérations s'effectuent au moyen de l'unité, et a de plus l'avantage d'être celle que le simple bon sens indique aux élèves qui commencent à calculer.

Exemple : *On a mis 12 journées pour faire 80 mètres d'ouvrage; combien emploiera-t-on de journées à faire 120 mètres du même ouvrage?*

Par un raisonnement bien simple, je dis :

Puisque 80 mètres sont faits en 12 jours, un mètre sera fait dans le 80e de 12 jours, ou en $\frac{12}{80}$; les 120 mètres seront donc faits en 120 fois $\frac{12}{80}$, ou en $\frac{12 \times 120}{80}$, ou en 18 journées.

Autre exemple : *Un voyageur a employé 12 jours à faire 104 myriamètres, combien en fera-t-il en 18 jours?*

Puisqu'en 12 jours, ce voyageur a fait 104 myriamètres, en un jour il ferait le $\frac{1}{12}$ de 104, ou $\frac{104}{12}$;

En 18 jours, il fera donc 18 fois $\frac{104}{12}$, ou $\frac{104 \times 18}{12}$, ou 156 myriamètres.

Soit encore : *Un meunier a moulu 7.800 kilogrammes de farine en 7 jours : combien en moudra-t-il en 28 jours ?*

Puisqu'en 7 jours ce meunier a moulu 7.800 kilogrammes, en 1 jour il moudrait le septième de 7.800 kilogrammes, ou $\frac{7800}{7}$;

En 28 jours il moudra donc 28 fois $\frac{7800}{7}$, ou $\frac{7800 \times 28}{7}$, ou 31.200 kilog.

Soit encore proposé : *6 ouvriers ont fait un certain ouvrage en 90 jours, en travaillant 10 heures par jour : combien auraient-ils mis de jours à faire le même ouvrage, s'ils avaient travaillé 6 heures par jour ?*

Puisque ces ouvriers, en travaillant 10 heures par jour, ont mis 90 jours, en travaillant 1 heure, ils mettraient 10 fois plus, c'est-à-dire 90×10, en travaillant 6 heures par jour, ils mettront donc 6 fois moins, c'est-à-dire, $\frac{90 \times 10}{6}$, ou 150 jours.

278. D. *Comment fait-on la preuve d'une règle de* trois simple ?

R. Par autant d'opérations qu'il y a de termes dans la question, c'est-à-dire, qu'il faut considérer successivement comme inconnu un des termes du problème proposé.

Soit à vérifier le problème précédent, en considérant comme inconnu le *nombre de jours* que 6 ouvriers ont mis pour faire un certain ouvrage, en travaillant 10 heures par jour, j'aurai, pour retrouver 90 jours, la question suivante :

6 ouvriers ont fait un certain ouvrage en 150 jours, en travaillant 6 heures par jour : combien auraient-ils mis de jours à faire le même ouvrage, s'ils avaient travaillé 10 heures par jour ?

Puisque ces ouvriers, en travaillant 6 heures par jour ont mis

150 jours, en travaillant 1 heure par jour, ils mettraient 6 fois plus, c'est-à-dire 150×6;

En travaillant 10 heures par jour, ils mettront donc 10 fois moins c'est-à-dire, $\frac{150 \times 6}{10}$ ou 90 jours.

D'où je conclus que la première opération est exacte, et que cette vérification peut s'appliquer à toutes sortes de problèmes de règles de *trois simples*.

QUESTIONS RELATIVES A LA RÈGLE DE TROIS SIMPLE.

126. Il y a assez de vivres dans une ville de guerre pour alimenter, pendant 5 mois, une garnison de 9.000 hommes; on demande à combien il faut réduire cette garnison, sachant que l'on doit être 15 mois sans recevoir de vivres? R. 3.000

127. La garnison d'une ville assiégée se compose de 12,000 hommes; elle a des vivres pour 10 mois; on lui donne un renfort de 8.000 hommes : on demande alors pendant combien de temps les vivres qui sont dans la place pourront alimenter toute la garnison? R. 6 mois.

128. Une famille consomme 250 kilogrammes de pain en 45 jours; on demande combien elle mettra de jours pour consommer 650 kilogrammes? R. 117 jours.

129. En 97 jours, un voyageur dépense 485 francs 97 centimes; combien dépensera-t-il en 209 jours? R. 1,047 francs 09 centimes.

130. Ayant vendu 358 stères de bois pour 1.611 francs; quelle somme me paiera-t-on pour 624 stères? R. 2.808 francs.

131. Quel sera le prix de 62 hectolitres de vin, lorsqu'on sait avoir payé 3.746 francs 50 centimes pour 127 hectolitres du même vin? R. 1.829 francs.

132. Pour 467 ares de terre on paie 23 francs 35 centimes de contributions; on demande combien on paiera pour 5 hectares 9 ares? R. 25 francs 45 centimes.

133. Sur 467 ares de terre on a récolté 79 hectolitres 39 litres de blé; on demande combien on récoltera sur 509 ares? R. 86 hectolitres 53 litres.

134. On demande le prix de 205 couteaux, lorsqu'on paie la douzaine 6 francs 72 centimes? R. 114 francs 80 centimes.

135. Pendant 89 jours un ouvrier a gagné 222 francs 50 centi-

mes ; combien aurait-il gagné s'il avait travaillé 29 jours de plus ? R. 295 francs.

136. Deux pièces de drap de même qualité coûtent, la première 1.200 francs, et la seconde 1.900 francs ; on demande quelle est la longueur de l'une et de l'autre, sachant que la seconde a 35 mètres de plus que la première ? R. 1re 60 mètres, 2e 95 mètres.

137. La fortune d'un homme s'est accrue, en 9 ans 8 mois, de 290 ares de pré ; on demande combien il possédera dans 20 ans, si sa fortune suit toujours la même progression ? R. 600 ares.

138. Combien devra-t-on payer pour 198 mètres de drap à raison de 12 francs 50 centimes, si l'on obtient 6 pour 100 d'escompte ? R. 2.326 francs 50 centimes.

139. 16 pièces d'étoffe ont coûté ensemble 2.160 francs ; combien contiennent-elles de mètres, quand 108 francs sont le prix de 24 mètres ? R. 480 mètres.

140. On a acheté un certain nombre de mètres de drap à raison de 300 francs pour 25 mètres; on les a revendus 600 francs pour 40 mètres : combien a-t-on gagné par mètre, et combien en a-t-on dû vendre pour avoir un bénéfice de 2.400 francs ? R. On a gagné 3 francs par mètre, et on en a vendu 800 mètres.

141. On veut, avec de l'étoffe à 0 mètre 6 décimètres de largeur, doubler 48 mètres de drap à 12 décimètres de largeur : combien faudrait-il de mètres d'étoffe ? R. 96 mètres.

142. Un juif a du drap qui vaut 16 francs le mètre; il veut l'échanger contre du velours qui vaut 4 francs le mètre : combien aura-t-il de mètres de velours pour 20 mètres de drap ? R. 80 mètres.

143. 12 pièces de drap, de chacune 25 mètres, ont été achetées 3.000 francs et revendues à raison de 14 francs 80 centimes le mètre ; combien l'a-t-on revendu de plus qu'il n'avait coûté ? R. 4 francs 80 centimes.

144. On a employé 25 rouleaux de papier à 40 centimètres de largeur pour tapisser les murs d'une chambre ; combien en aurait-il fallu à 50 centimètres de largeur ? R. 20.

145. Un officier ayant 500 hommes leur donne chaque jour à chacun 0 franc 80 centimes; mais on lui envoie 300 hommes de plus sans augmenter ses fonds : combien devra-t-il leur donner pour que les fonds qui sont à sa disposition durent aussi longtemps que s'il n'avait jamais eu que ses 500 hommes ? R. 0 franc 50 centimes.

LEÇON TRENTE-DEUXIÈME.

Règle de trois composée.

279. D. *Qu'appelle-t-on règle de* trois composée?

R. On appelle règle de *trois composée*, une opération dans laquelle plusieurs quantités concourent à former une même cause ou un même effet.

280. D. *Comment résout-on une règle de* trois composée?

R. Pour résoudre une règle de *trois composée*, on examine attentivement la relation qui existe entre ses diverses quantités principales pour les combiner entr'elles convenablement et les réduire toutes à deux autres équivalentes; ces dernières une fois obtenues et comparées avec les deux quantités relatives qui n'ont pas été employées, forment alors une règle de *trois simple*, de laquelle on déduit la valeur de l'inconnue en observant les principes du numéro 277.

Exemple : *5 ouvriers travaillant 8 heures par jour, ont fait en 9 jours 120 mètres d'ouvrage : combien 10 ouvriers travaillant 9 heures par jour, feront-ils du même ouvrage en 12 jours?*

Pour ramener cette question à une règle de *trois simple*, je dis que le nombre de mètres faits par 5 ouvriers en 9 jours travaillant 8 heures par jour, est égal à celui de $5 \times 9 \times 8$, ou 360 ouvriers en 1 heure; que pareillement, le nombre de mètres à faire par 10 ouvriers en 12 jours travaillant 9 heures par jour, est le même que celui de $10 \times 12 \times 9$, ou 1.080 ouvriers en 1 heure. Ainsi la question proposée est ramenée à cette autre :

360 ouvriers ont fait 120 mètres d'ouvrage : on demande combien 1.080 ouvriers feront de mètres du même ouvrage?

Puisque 360 ouvriers ont fait 120 mètres d'ouvrage, 1 ouvrier ferait le $\frac{1}{360}$ de 120 mètres, ou $\frac{120}{360}$.

Les 1.080 ouvriers feront donc 1.080 fois $\frac{120}{360}$ ou $\frac{120 \times 1080}{360}$, ou 360 mètres.

Je puis parvenir au même résultat en ramenant le tout à l'unité, c'est-à-dire, en ayant égard séparément et successivement au nombre des ouvriers, des heures et des jours. En effet :

1. Connaissant l'ouvrage fait par 5 ouvriers, pour en déduire l'ouvrage exécuté par 10 ouvriers, je dis :

Puisque 5 ouvriers ont fait 120 mètres d'ouvrage, 1 ouvrier ferait le $\frac{1}{5}$ de 120 mètres, ou $\frac{120}{5}$.

Les 10 ouvriers feront donc 10 fois $\frac{120}{5}$ ou $\frac{120 \times 10}{5}$.

Les 10 ouvriers travaillant 9 heures par jour pendant 12 jours, feront donc $\frac{120 \times 10}{5}$, ou 240 mètres.

2. Par un raisonnement absolument semblable, pour déduire de l'ouvrage 240 mètres fait en 8 heures, l'ouvrage qui sera fait en 9 heures, je dis :

Puisque l'ouvrage fait en 8 heures, est de 240 mètres, l'ouvrage fait en 1 heure sera le $\frac{1}{8}$ de 240 mètres, ou $\frac{240}{8}$, l'ouvrage fait en 9 heures sera 9 fois 240, ou $\frac{240 \times 9}{8}$, ou 270 mètres.

Les 10 ouvriers travaillant 9 heures par jour, pendant 12 jours feront donc 270 mètres.

3. Enfin, pour déduire de l'ouvrage 270 mètres, fait en 9 jours, l'ouvrage qui sera fait en 12 jours, je dis :

Puisque l'ouvrage fait en 9 jours est 270 mètres, l'ouvrage fait en 1 jour sera le $\frac{1}{9}$ de 270, ou $\frac{270}{9}$; l'ouvrage fait en 12 jours sera 12 fois 270, ou $\frac{270 \times 12}{9}$, ou 360 mètres.

D'où je conclus que le résultat est le même que précédemment.

Autre exemple : *Un voyageur a employé 16 jours à faire 60 myriamètres en marchant 9 heures par jour : combien en ferait-il en 8 jours marchant 12 heures par jour ?*

Pour résoudre ce problème, je dis :

Puisque ce voyageur, en 16 jours, marchant 9 heures par jour, ou en 144 heures, a fait 60 myriamètres, en une heure il ferait le $\frac{1}{144}$ de 60 myriamètres, ou $\frac{60}{144}$; puisqu'en 1 heure il fait le $\frac{1}{144}$ de 60 myriamètres, ou $\frac{60}{144}$, en 8 jours, marchant 12 heures par jour, ou en 96 heures, il fera donc 96 fois $\frac{60}{144}$, ou $\frac{60 \times 96}{144}$, ou 40 myriamètres.

Autre exemple encore : *6 ouvriers ont creusé en 20 jours, en travaillant 9 heures par jour, un fossé de 30 mètres de longueur sur 4 de largeur et 2 de profondeur : combien faudrait-il de jours à 9 ouvriers qui travailleraient 12 heures par jour pour creuser un fossé de 60 mètres de longueur sur 6 de largeur et 3 de profondeur ?*

Ce problème très-compliqué en apparence peut se résoudre de la manière suivante :

Puisque 6 ouvriers, en travaillant 9 heures par jour, pour creuser un fossé de 30 mètres de longueur, 4 de largeur, 2 de profondeur, ont mis 20 jours,

Un ouvrier, en travaillant 1 heure par jour pour creuser un fossé d'un mètre de longueur, d'un mètre de largeur, d'un de profondeur, mettrait 6 fois plus à cause du plus petit nombre d'ouvriers, 9 fois plus encore à cause du plus petit nombre d'heures ; mais 30 fois moins à cause du plus petit nombre de mètres de longueur, 4 fois moins encore à cause d'une largeur plus petite, et 2 fois moins encore à cause de la profondeur plus petite, c'est-à-dire, $\frac{20 \times 6 \times 9}{30 \times 4 \times 2}$;

Puisqu'un ouvrier a mis $\frac{20 \times 6 \times 9}{30 \times 4 \times 2}$, 9 ouvriers, en travaillant 12 heures par jour pour creuser un fossé de 60 mètres de longueur, 6 de largeur, 3 de profondeur, mettront donc 9 fois moins à cause du plus grand nombre d'ouvriers, 6 fois moins encore à cause du plus grand nombre d'heures ; mais 60 fois plus à cause de la longueur plus grande, 6 fois plus encore à cause de la largeur plus grande, et 3 fois plus encore à cause de la profondeur plus grande, c'est-à-dire, $\frac{20 \times 6 \times 9 \times 60 \times 6 \times 3}{30 \times 4 \times 2 \times 3 \times 12} = \frac{1166400}{25920}$, ou 45 jours.

281. D. *Comment se fait la* preuve *de la règle de trois composée ?*

R. Comme *celle* de la règle de *trois simple.* No 278.

Soit à vérifier le premier problème en considérant, comme inconnu, l'un de ses termes :

5 ouvriers, travaillant 8 heures par jour, ont fait, en 9 jours, 120 mètres d'ouvrage ; combien faudra-t-il de jours à 10 ouvriers qui travaillent 9 heures par jour, pour faire 360 mètres du même ouvrage ?

Puisque 5 ouvriers, en travaillant 8 heures par jour pour faire 120 mètres d'ouvrage, ont mis 9 jours, 1 ouvrier, en travaillant 1 heure par jour pour faire 1 mètre, mettrait 5 fois plus à cause du plus petit nombre d'ouvriers, 8 fois plus encore à cause du plus petit nombre d'heures ; mais 120 moins à cause du plus petit nombre de mètres d'ouvrage, c'est-à-dire, $\frac{9\times5\times8}{120}$;

10 ouvriers, en travillant 9 heures par jour pour faire 360 mètres du même ouvrage, mettront donc 10 fois moins à cause du plus grand nombre d'ouvriers, 9 fois moins encore à cause du plus grand nombre d'heures; mais 360 fois plus à cause du plus grand nombre de mètres d'ouvrage, c'est-à-dire $\frac{9\times5\times8\times360}{120\times10\times9}=\frac{129600}{10800}$ ou 12 jours, ce qui prouve que la première opération est exacte.

Par ce qui précède, les élèves remarqueront que c'est de l'usage qu'ils doivent attendre la facilité de résoudre les règles de *trois composées;* car les circonstances variant presque pour chaque question, il est impossible d'établir une règle générale pour ramener à deux quantités principales toutes celles qui entrent dans leurs différents énoncés.

Afin de se familiariser avec ces sortes de règles, les élèves feront bien de résoudre les différents problèmes que je place ci-après et dont la solution est renvoyée à leurs soins.

QUESTIONS RELATIVES A LA RÈGLE DE TROIS COMPOSÉE.

146. Un voyageur en 16 jours, marchant 10 heures par jour, a fait 68 myriamètres : combien en parcourrait-il s'il marchait avec la même vitesse pendant 24 jours et 12 heures par jour? R. 122 myriamètres 4 kilomètres.

147. 6 maçons ont fait un mur en 30 jours, travaillant 8 heures par jour : combien 10 autres maçons mettront-ils de journées de 12 heures pour faire un second mur de même dimension ? R. 12 journées.

148. Combien faudra-t-il de jours de 10 heures à 80 ouvriers pour faire autant d'ouvrage que 45 ouvriers en 40 journées de 12 heures? R. 27 jours.

149. Lorsque la dépense de 600 soldats s'élève à 3.400 francs en 10 jours : quelle sera celle de 400 soldats en 15 jours? R. 2.400 francs.

150. Un bassin contenant 2.000 mètres cubes d'eau a été rempli en 12 jours par 25 ouvriers qui travaillaient 9 heures par jour : combien faudra-t-il d'ouvriers pour remplir un autre bassin de 3.000 mètres cubes en 15 jours, s'ils travaillaient 10 heures par jour? R. 27.

151. Un entrepreneur, ayant à sa disposition 24 ouvriers, se dispose à construire un bâtiment en 192 jours de 8 heures; mais comme des contre-temps peuvent empêcher que les travaux ne s'effectuent totalement dans le délai fixé, il voudrait les effectuer dans 64 jours de 12 heures : dans ce cas, de combien devra-t-il augmenter le nombre des ouvriers qu'il a à sa disposition? R. De 24.

152. 6 ouvriers travaillant 10 heures par jour pendant 60 jours ont creusé un puits de 10 mètres de profondeur et 1 mètre 60 centimètres de diamètre, dans un terrain de 6 degrés de difficulté : combien faudra-t-il d'ouvriers pour creuser un autre puits de 12 mètres de profondeur sur 2 mètres de diamètre, dans un terrain de 8 degrés de difficulté, en travaillant pendant 40 jours et 8 heures par jour? R. 10 ouvriers.

153. 300 ouvriers, ayant chacun 8 degrés de force et travaillant pendant 800 jours 12 heures par jour, ont construit dans un terrain de 8 degrés de dureté une digue de 360 mètres de longueur sur 6 mètres de hauteur et 4 d'épaisseur ; combien faudra-t-il d'ouvriers pour construire une autre digue de 600 mètres de longueur sur 4 mètres de hauteur et 2 d'épaisseur dans un terrain de 6 degrés de dureté, supposant que ces derniers ouvriers auront chacun 12 degrés de force et qu'ils travailleront 500 jours et 8 heures par jour ? R. 200.

154. 200 ouvriers, ayant chacun 12 degrés de force, ont travaillé 8 heures par jour pendant 500 jours dans un terrain de 6 degrés de dureté pour construire une digue de 600 mètres de longueur sur 4 mètres de hauteur et 2 mètres d'épaisseur ; quelle sera la hauteur d'une autre digue que construiraient 300 ouvriers ayant 8 degrés de force, travaillant dans un terrain de 8 degrés de dureté, durant 12 heures pendant 800 jours, supposant que la longueur de cette digue soit de 360 mètres et l'épaisseur de 4 mètres? R. 6 mètres.

155. Un riche propriétaire a deux manufactures de drap ; dans l'une il occupe 60 ouvriers et dans l'autre 20 ; après avoir travaillé les uns et les autres 30 jours, les premiers 5 heures par jour et les seconds 10, ils ont fait 30 pièces de drap de 70 mètres de longueur ; quelle sera la longueur de 40 autres pièces que feraient 40 des premiers ouvriers pendant 50 jours, en travaillant 12 heures par jour ? R. 84 mètres.

LEÇON TRENTE-SEPTIÈME.

Règle d'Intérêt.

282. D. *Qu'appelle-t-on règle d'*intérêt ?

R. On appelle règle d'intérêt une règle de trois qui a pour but principal de déterminer le bénéfice que fait sur son argent celui qui le prête sous certaines conditions.

283. D. *Comment se nomme la* somme prêtée ?

R. Cette somme se nomme *capital.*

284. D. *Qu'appelle-t-on* intérêt *ou* rente?

R. On appelle *intérêt* ou *rente*, une rétribution que le prêteur exige de l'emprunteur pour compenser les avantages dont il aurait joui en faisant valoir lui-même ses fonds ; cette *rétribution* qui se prend à 5 ou à 6 pour 100, est le *taux* de l'intérêt, ou le *taux* de l'argent, et ces 100 francs sont la base de ces sortes d'opérations.

285. D. *Combien distingue-t-on de sortes d'*intérêts ?

R. On distingue deux sortes d'*intérêts :* l'intérêt *simple*, et l'intérêt *composé.*

286. D. *Qu'est-ce que l'*intérêt simple ?

R. L'*intérêt simple* est celui qui se paie exactement chaque année sans pouvoir jamais devenir principal, et par conséquent, porter intérêt.

287. D. *Comment trouve-t-on l'*intérêt *d'une somme pour une ou plusieurs années à un taux quelconque ?*

R. Pour trouver l'*intérêt* d'une somme pour une ou plusieurs années à un taux quelconque, il suffit de multiplier l'intérêt de cette somme pendant un an, par le nombre des années. Ainsi, l'argent étant à 5 pour 100 par an, l'intérêt simple de 100 francs pendant 8 ans est 8 fois 5 francs, ou 40 francs; l'intérêt de 100 francs pendant 1 mois est $\frac{5}{12}$, et l'intérêt de 100 francs pendant 4 ans 9 mois ou 57 mois, est 57 fois $\frac{5}{12}$ ou $\frac{285}{12}$.

Lorsque l'argent est à 5 pour 100 par an, l'intérêt de 1 franc est $\frac{5}{100}$ ou $\frac{1}{20}$. L'intérêt annuel d'un capital quelconque est donc le vingtième de ce capital. Ainsi l'intérêt annuel de 860 francs est $\frac{860}{20}$ ou 43 francs.

Les exemples suivants suffiront pour résoudre toutes les questions qui se rapportent à la règle d'*intérêt simple.*

Exemple : *On demande l'intérêt de* 860 *francs pour* 4 *ans à* 5 *pour* 100 *par an ?*

L'intérêt de 860 en un an étant le 20e de 860 francs ou 43 francs, les 860 francs produiront en 4 ans, 4 fois 43 francs ou 172 francs.

Par un autre raisonnement, je puis obtenir les intérêts et le capital tout à la fois. En effet :

L'intérêt de 100 francs en 1 an étant 5 francs,
L'intérêt de 1 franc en 1 an est $\frac{5}{100}$ ou $\frac{1}{20}$,
L'intérêt de 1 franc en 4 ans est 4 fois $\frac{1}{20}$ fr. ou $\frac{4}{20}$ fr.
1 franc vaudra donc, dans 4 ans, 1 franc plus son intérêt $\frac{4}{20}$ ou $\frac{24}{20}$.

Les 860 francs vaudront donc dans 4 ans, $\frac{24}{20} \times 860 = \frac{20640}{20}$ ou 1.032 francs.

En sorte que 1.032 francs sont composés du capital 860 francs et des intérêts 172 francs pour 4 ans.

2e Exemple : *Un capital de* 6.000 *francs a été placé pendant* 5 *ans* 9 *mois, à raison de* 5 *pour* 100 *: on demande quel est l'intérêt de cette somme ?*

Les 6.000 francs rapportent :
En 12 mois, le 20e de 6.000 francs, ou 300 francs,
En 1 mois, le 12e de 300 francs ou 25 francs,
En 69 mois, 69 fois 25 francs, ou $25 \times 69 = 1.725$ francs.

Les 6.000 francs rapportent donc, en 5 ans 9 mois, 1.725 francs d'intérêts.

Pour avoir le capital et les intérêts tout à la fois, je dis :

L'intérêt de 1 franc en 12 mois étant $\frac{1}{20}$,

L'intérêt de 1 franc en 1 mois est $\frac{1 \text{ fr.}}{20 \times 12}$;

L'intérêt de 1 franc en 69 mois est $\frac{1 \times 69}{20 \times 12} = \frac{69}{240}$, ou $\frac{23}{80}$;

1 franc comptant vaut donc dans 69 mois, 1 fr. $+ \frac{23}{80}$, ou $\frac{103}{80}$.

Les 6.000 francs vaudront donc dans 69 mois $\frac{103}{80} \times 6.000 = \frac{618000}{80}$, ou 7.725 francs.

En sorte que 7.725 francs se composent du capital 6.000 francs, et des intérêts 1.725 francs pendant 5 ans 9 mois, ou 69 mois.

3e Exemple : *En combien de temps une somme de* 2.000 *francs, placée à* 5 *pour* 100, *produira-t-elle* 550 *francs d'intérêts ?*

Pour résoudre cette question et toutes celles de cette espèce, il faut d'abord chercher ce que le capital donné rapporte par an, et diviser l'intérêt demandé par le résultat trouvé; le quotient exprime le temps qu'on veut déterminer.

Ainsi, l'intérêt de 2.000 francs étant 100 francs pour un an, je dis :

Puisque le capital étant 2.000 francs,

L'intérêt 100 francs correspond à 1 an,

L'intérêt 1 franc correspond à $\frac{1 \text{ an}}{100}$,

L'intérêt 550 francs correspond à $\frac{1 \text{ an}}{100} \times 550 = \frac{550}{100}$, ou à 5 ans 6 mois.

Les 2.000 francs devront donc rester placés pendant 5 ans 6 mois pour produire 550 francs d'intérêts.

4e Exemple : *Un capital de* 12.000 *francs a rapporté* 1.500 *francs en* 2 *ans* 6 *mois ou* 30 *mois, à quel taux ce capital a-t-il été placé ?*

L'intérêt de 12.000 francs pendant 30 mois étant 1.500 francs, je dis que l'intérêt de 12.000 francs en 1 mois est $\frac{1500}{30}$, ou 50 francs,

L'intérêt de 1 franc en 1 mois est $\frac{50^{f}}{12000}$, ou $\frac{1^{f}}{240}$,

L'intérêt de 1 franc en 12 mois est 12 fois $\frac{1}{240}$, ou $\frac{1}{20}$,

L'intérêt annuel de 100 francs est $\frac{1}{20} \times 100 = \frac{100}{20}$, ou 5 francs.

6*

Le capital de 12.000 francs était donc placé à raison de 5 francs pour 100 francs par an.

5e Exemple : *On avait 7.680 francs qui, dans 28 mois, ont produit un intérêt de 896 francs : on demande combien 15.000 francs, placés au même taux, produiraient dans 74 mois ?*

Je cherche d'abord à quel taux les 7.680 francs avaient été placés pour rapporter, en 28 mois, un intérêt de 896 francs, ensuite, connaissant ce taux, je chercherai l'intérêt de 15.000 francs pendant 74 mois.

L'intérêt de 7.680 francs pendant 28 mois étant 896 francs, je dis que l'intérêt de 7.680 francs, en 1 mois, est $\frac{896}{28}$ ou 32 francs,

L'intérêt de 1 franc, en 1 mois, est $\frac{32}{7680}$, ou $\frac{1}{240}$,

L'intérêt de 1 franc, en 12 mois, est 12 fois $\frac{1}{240}$ ou $\frac{1}{20}$,

L'intérêt annuel de 100 francs est $\frac{1}{20} \times 100$ ou 5 francs.

Sachant maintenant que 7.680 francs étaient placés à 5 pour 100 par an pour produire, en 28 mois, un intérêt de 896 francs, pour avoir l'intérêt de 15.000 francs au même taux pendant 74 mois, je dis :

Puisque l'intérêt de 100 francs, en 12 mois, est $\frac{5}{100}$, ou $\frac{1}{20}$,

L'intérêt de 15.000 francs, en 12 mois, sera $\frac{15000 \times 5}{100}$, ou 750 francs.

L'intérêt de 1 mois sera $\frac{750}{12}$, ou 62 francs 50 centimes.

L'intérêt de 74 mois sera donc 74 fois $\frac{750 \times 74}{12}$, ou 4.625 fr.

6e Exemple : *On a placé une somme qui, augmentée de ses intérêts, a valu 1.867 francs 50 centimes après 9 mois, et 1.912 francs 50 centimes après 15 mois : on demande quelle est cette somme et à combien pour 100 elle a été placée ?*

Je dis que la différence entre 1.867 francs 50 centimes, est 1.912 francs 50 centimes, est 45, et la différence entre 9 et 15 est 6. Par conséquent la somme cherchée s'est accrue en 6 mois de 45 francs, en 1 mois de $\frac{45}{6}$, ou 7 francs 50 centimes, en 9 mois 9 fois 7 francs 50 centimes, ou 67 francs 50 centimes.

Or, après ces 9 mois, la somme primitive vaut 1.867 francs 50 centimes; la somme cherchée est donc 1.867 francs 50 centimes moins 67 francs 50 centimes, ou 1.800 francs.

L'intérêt de 1.800 francs, en 9 mois, étant 67 francs 50 centimes;

L'intérêt de 1.800 francs, en 1 mois, est $\frac{67^f,50^c}{9}$, ou 7 francs 50 centimes.

L'intérêt de 1.800 francs, en 12 mois, est 12 fois 7 francs 50 centimes ou 90 francs.

L'intérêt de 100 francs, en 12 mois est donc $\frac{90 \times 100}{1800}$, ou 5 fr.

L'argent était donc placé à 5 pour 100 par an.

Et en effet, lorsque l'argent est à ce taux, je trouve que 1.800 francs comptant valent 1.867 francs 50 centimes après 9 mois, et 1.912 francs 50 centimes après 15 mois.

288. D. *Comment trouve-t-on l'intérêt d'une somme à un taux quelconque pour un certain nombre de jours?*

R. On cherche d'abord, d'après le numéro 287, l'intérêt d'un an, on divise ce résultat par 360 jours, numéros 215 et 270, pour avoir l'intérêt d'un jour, on multiplie ensuite ce quotient par le nombre de jours proposés.

Exemple : *On demande l'intérêt de 8.400 francs pendant 240 jours, à raison de 5 pour 100 par an?*

L'intérêt de 100 francs, en 360 jours, ou 1 an, étant $\frac{5}{100}$ ou $\frac{1}{20}$,

L'intérêt de 8.400 francs, en 360 jours, sera $\frac{8400 \times 5}{100}$, ou 420 francs,

L'intérêt de 8.400 francs, en 1 jour, sera $\frac{420}{360}$,

L'intérêt de 240 jours sera donc 240 fois $\frac{420}{360} = \frac{100800}{360}$, ou 280 francs.

QUESTIONS SUR L'INTÉRÊT SIMPLE.

156. D. Quel est l'intérêt de 1.680 francs pendant 7 ans, à raison de 5 pour 100 par an? R. 588 francs.

157. Un capital de 8.400 francs a été placé pendant 6 ans 10 mois, à raison de 5 pour 100; on demande quel est l'intérêt de cette somme? R. 2.870 francs.

158. En combien de temps une somme de 6.500 francs, placée à

5 pour 100, produira-t-elle 1.462 francs 50 centimes d'intérêts? R. 4 ans 6 mois.

159. Un capital de 9.600 francs a rapporté 3.600 francs en 7 ans 6 mois ; à quel taux ce capital a-t-il été placé? R. 5 pour 100.

160. On avait placé 12.900 francs qui, dans 56 mois, ont produit un intérêt de 3.010 francs ; on demande combien 10.600 francs, placés au même taux, produiraient dans 7 ans 6 mois? R. 3.975 f.

161. On a placé une somme qui, augmentée de ses intérêts, a valu 2.520 francs après 10 mois, et 2.616 francs après 18 mois ; on demande quelle est cette somme et à combien pour 100 elle a été placée? R. 2.400 francs placés à 6.

162. On demande l'intérêt de 8.300 francs pendant 324 jours, à raison de 5 pour 100 par an? R. 373 francs 50 centimes.

163. Un usurier a placé une certaine somme à 6 pour 100, qui, en 4 ans 8 mois, lui a produit 7.800 francs ; on demande quelle est cette somme? R. 6.093 francs 75 centimes.

164. Un rentier a placé 16.000 francs à 5 pour 100; il demande combien de temps il doit laisser cette somme, pour recevoir un intérêt de 4.980 francs? R. 6 ans 2 mois 21 jours.

165. Un propriétaire étant sur le point d'acheter une ferme, emprunte d'un rentier la somme de 24.000 francs à 4 pour 100; si ce propriétaire ne paie les intérêts de cette somme qu'au bout de 6 ans 5 mois, combien son créancier recevra-t-il en tout? R. 30.160 francs.

166. Une servante a économisé 4.800 francs qu'elle place à intérêts, et veut en retirer une rente annuelle de 360 francs : à combien pour 100 faut-il qu'elle place son capital? R. 7 francs 50 centimes.

167. Un marchand en gros dit que, s'il plaçait à intérêts un capital équivalent à 390 mètres de drap estimé à 20 francs le mètre, il se ferait un revenu annuel de 390 francs ; on demande à combien pour 100 il faudrait qu'il plaçât ses fonds? R. 5 francs.

168. Deux adjudicataires ont acheté 1.600 stères de bois qui leur ont coûté 4 francs 50 centimes le stère ; ils veulent le revendre de manière qu'ils gagnent autant sur chaque stère que s'ils plaçaient leurs fonds à 6 pour 100 : combien faut-il qu'ils revendent le stère? R. 4 francs 77 centimes.

169. Quel est le capital qui, prêté à 5 pour 100, produirait 630 francs d'intérêts en 4 ans 8 mois? R. 2.700 francs.

LEÇON TRENTE-HUITIÈME.

De l'Intérêt composé.

289. D. *Qu'est-ce que l'intérêt* composé ?

R. L'intérêt *composé* est celui qui, à la fin de chaque année, se joint au capital pour porter intérêt pendant l'année suivante.

290. D. *Quelle est la* méthode *la plus simple pour effectuer ces sortes d'opérations ?*

R. C'est de chercher d'abord l'intérêt d'un an, et l'ajouter avec le capital pour en chercher l'intérêt de la deuxième année, ajouter ensuite l'intérêt de cette deuxième année au capital pour en trouver celui de la troisième; ainsi de suite pour toutes les années.

Exemple : *Un remplaçant place* 2.400 *francs pour* 4 *ans, à raison de* 5 *pour* 100, *à condition que l'emprunteur paiera les intérêts des intérêts : combien les* 2.400 *francs vaudront-ils après ce temps ?*

L'intérêt de 2.400 francs pendant la première année est le 20e de 2.400 francs ou 120 francs ; les 2.400 francs vaudront donc à la fin de la première année 2.400 francs + 120 francs, ou 2.520 francs. Ces 2.520 francs, placés au commencement de la deuxième année, vaudront à la fin de cette année 2.520 francs + 126 francs, ou 2.646 francs. Ces 2.646 francs, placés au commencement de la troisième année, vaudront à la fin de cette année, 2.646 francs + 132 francs 30 centimes, ou 2.778 francs 30 centimes. Cette dernière somme, placée au commencement de la quatrième année, vaudra à la fin de cette année, 2.778 francs 30 centimes + 138 francs 915 millièmes, ou 2.917 francs 215 millièmes.

Les 2.400 francs vaudront donc 2.917 francs 215 millièmes dans 4 ans.

291. D. *Et si, après le nombre d'années, il y a en outre un nombre de mois moindre que 12, que faut-il faire ?*

R. On cherche l'intérêt d'un an ou de 12 mois de plus, ensuite celui d'un mois qu'on répète autant de fois qu'il y a de mois, puis on ajoute le produit obtenu au résultat qui a servi de capital dans la dernière opération.

Exemple : *Je suppose que l'argent du remplaçant ait été placé pour 9 mois de plus.*

La somme à rendre après la quatrième année étant 2.917 francs 215 millièmes, je cherche l'intérêt de cette somme pour une cinquième année, et je trouve que 2.917 francs 215 millièmes vaudront à la fin de cette année 2.917 francs 215 millièmes + 145 francs 86 centimes, ou 3.063 francs 075 millièmes.

L'intérêt de 3.063 francs 075 millièmes étant 153 francs 16 centimes en 12 mois,

L'intérêt de 1 mois sera le 12e de 153 francs 16 centimes, ou 12 francs 7625 dix-millièmes.

L'intérêt de 9 mois sera donc 9 fois 12 francs 7625 dix-millièmes, ou 114 francs 86 centimes.

Les 2.400 francs vaudront donc 3.032 francs 075 millièmes en 4 ans 9 mois.

292. D. *Si l'on voulait avoir le capital et l'intérêt réunis pour une ou plusieurs années, que faudrait-il faire?*

R. Il faudrait chercher la fraction qui exprime combien un franc comptant vaut à la fin de l'année, et multiplier le capital par cette fraction autant de fois qu'il y aurait d'années.

Exemple : *Soit à trouver le capital et l'intérêt composé de* 2.400 *francs pendant* 4 *ans, à raison de* 5 *pour* 100.

L'intérêt annuel étant le 20e du capital, je trouve ce que 2.400 francs, placés au commencement d'une année, valent à la fin d'une année, en augmentant cette somme de sa 20e partie, ce que j'obtiens en prenant les $\frac{21}{20}$.

Par conséquent, 2.400 francs, placés au commencement de la première année, valent à la fin de cette année $2.400 \times \frac{21}{20}$, ou 2.520 francs.

Ces mêmes 2.400 francs vaudront donc à la fin de la 4e année 2.400 francs $\times \frac{21}{20} \times \frac{21}{20} \times \frac{21}{20} \times \frac{21}{20} = \frac{466754400}{160000}$, ou 2.917 francs 215 millièmes.

293. D. *Et si, après le nombre d'années, il y avait en outre un nombre de mois, moindre que* 12, *que faudrait-il faire?*

R. Il faudrait d'abord chercher combien le capital vaut après ce nombre d'années, numéros 290 et 292, et multiplier cette dernière somme par la fraction qui exprime combien 1 franc vaut au bout du nombre de mois donné.

Soit, par exemple, *à trouver le capital et l'intérêt composé de* 4.000 *francs pendant* 3 *ans* 6 *mois*, *à raison de* 5 *pour* 100?

D'après les principes du numéro 292, je trouverai que 4.000 francs $\times \frac{21}{20} \times \frac{21}{20} \times \frac{21}{20}$ valent $\frac{37044000}{8000}$, ou 4.630 francs 50 centimes, à la fin de la troisième année. Il suffit donc que j'augmente cette dernière somme de son intérêt simple pendant 6 mois

Or, l'intérêt de 1 franc, en 12 mois, étant $\frac{1}{20}$,

L'intérêt de 1 franc, en 6 mois, est la moitié de $\frac{1}{20}$, ou $\frac{1}{40}$.

Je trouve donc ce qu'une somme payable à une époque donnée vaut 6 mois plus tard, en ajoutant à cette somme la 40ᵉ partie, ce que j'obtiens en en prenant les $\frac{41}{40}$.

Par conséquent, 4.000 francs qui valaient $4.000 \times \frac{21}{20} \times \frac{21}{20} \times \frac{21}{20}$ au bout de 3 ans, numéro 292, vaudront donc à la fin de 3 ans 6 mois, numéro 292, les $\frac{41}{40}$ de $4.000 \times \frac{21}{20} \times \frac{21}{20} \times \frac{21}{20} \times \frac{41}{40} = \frac{1518804000}{32000}$, ou 4.746 francs 2625 dix-millièmes.

QUESTIONS SUR L'INTÉRÊT COMPOSÉ.

170. Un rentier prête 12.000 francs pour 4 ans, à raison de 5 pour 100 par an, à condition qu'on lui paiera les intérêts des intérêts; combien recevra-t-il après ce temps? R. 14.586 francs 075 millièmes.

171. Un négociant achète un bien pour 8.000 francs, à 5 ans 9 mois de crédit, à condition qu'il paiera les intérêts des intérêts sur le pied de 5 pour 100; on demande combien il devra verser au bout de ce temps? R. 10.593 francs 137 millièmes près.

LEÇON TRENTE-NEUVIÈME.

De la Règle du Temps pour les Paiements.

294. D. *Qu'est-ce que la règle du temps pour les paiements?*

R. C'est une opération qui sert à découvrir de combien doivent être les paiements et les époques auxquelles ils doivent être faits, selon les conventions des créanciers et des débiteurs.

295. D. *Combien la règle du temps pour les paiements présente-t-elle de* cas différents *pour la résoudre?*

R. Elle présente *trois cas différents*, savoir :

Le *premier* est lorsqu'il ne s'agit que d'une seule somme qui doit être payée en différentes époques, suivant les conventions ;

Le *second* est lorsque, devant plusieurs sommes qu'on est convenu de payer à plusieurs termes, on se propose de ne faire qu'un seul paiement, on demande à quelle époque on doit le faire pour qu'il y ait compensation ;

Et le *troisième* est lorsque, devant une somme, on avance le paiement d'une partie, afin de pouvoir différer le paiement du surplus de la somme due.

296. D. *Comment opère-t-on dans le* premier cas?

R. On prend sur la somme les parties proposées, comme la $\frac{1}{2}$, le $\frac{1}{3}$, le $\frac{1}{4}$, le $\frac{1}{5}$, etc.

Exemple : *Un propriétaire achète un bien pour une somme de* 12.000 *francs qu'il doit payer, savoir :* $\frac{1}{5}$ *dans* 9 *mois,* $\frac{1}{5}$ *trois mois après,* $\frac{1}{5}$ *un an après ce dernier paiement, ainsi de suite pour les deux autres paiements : on demande de combien doit être chaque paiement ?*

OPÉRATION.

	12.000 francs.
Le $\frac{1}{5}$. . .	2.400 francs.

Chaque paiement devra être de 2.400 francs.

Autre exemple : *Un fermier redoit à son propriétaire la somme de* 9.000 *francs qu'il promet de payer de la manière suivante :* $\frac{1}{3}$ *dans* 7 *mois,* $\frac{1}{4}$ *dans* 15 *mois,* $\frac{1}{6}$ *dans* 2 *ans, et le reste à la fin de son nouveau bail qui est conclu pour une durée de* 6 *ans : on demande de combien sera chaque paiement ?*

OPÉRATION.

		9.000	
$\frac{1}{3}$	=	3.000	1er paiement.
$\frac{1}{4}$	=	2.250	2e paiement.
$\frac{1}{9}$	=	1.000	3e paiement.
		6.250	
De		9.000	
Otez		6.250	
Reste		2.750	4e paiement.

297. D. *Comment fait-on la* preuve *de ces sortes de règles?*

R. On fait la somme des divers paiements, et si l'opération est exacte, on doit retrouver la somme principale.

Soit à vérifier les deux opérations précédentes.

1re *OPÉRATION.*

1er paiement.	$\frac{1}{5}$ =	2.400f
2e	$\frac{1}{5}$ =	2.400.
3e	$\frac{1}{5}$ =	2.400.
4e	$\frac{1}{5}$ =	2.400.
5e	$\frac{1}{5}$ =	2.400.
Total. . .		12.000.

2e *OPÉRATION.*

1er paiement.	$\frac{1}{3}$ =	3.000f
2e	$\frac{1}{4}$ =	2.250.
3e	$\frac{1}{9}$ =	1.000.
4e le reste. . .	=	2.750.
Total. . .		9.000.

D'où je conclus que, les divers paiements reproduisant les sommes principales, les deux opérations sont exactes.

298. D. *Comment opère-t-on dans le* second cas?

R. On multiplie *chaque somme* par le temps de son crédit, on fait la somme des divers produits, et on divise cette dernière somme par le total de la dette; le quotient exprimera le temps du paiement.

Exemple : *Un acquéreur doit* 900 *francs, exigibles comme il suit, savoir :* 100 *francs dans* 6 *mois*, 200 *francs dans* 8 *mois*, 280 *francs dans* 15 *mois, et* 320 *francs dans* 25 *mois; il arrête avec son vendeur qu'il ne fera qu'un seul paiement : on demande en quel temps il devra le faire pour qu'il y ait compensation de temps?*

OPÉRATION,

```
100 × 6 mois  =   600
200 × 8 mois  = 1.600
280 × 15 mois = 4.200
320 × 25 mois = 8.000 | 900
---------------------------------
900            14.400 | 16 mois.
                9 00  |
               ------
                5 400
                5 400
               ------
                  ..0
```

Pour comprendre la raison de cette règle il faut établir que l'argent profite entre les mains de l'acquéreur proportionnellement au temps qu'il l'a à sa disposition. Or, on gagne autant, par exemple, avec 100 francs en 12 mois, qu'avec 1.200 francs en 1 mois. Ainsi, dans cette opération, je multiplie 100 par 6 mois, et j'ai 600 francs qui, par la même raison, produiront pendant 1 mois autant que 100 francs pendant 6 mois. Je multiplie pareillement 200 francs par 8, 280 par 15, et 320 par 25, et j'ai pour total des divers produits 14.400 francs qui produiraient autant en 1 mois que les sommes particulières durant le temps exprimé dans la question. Or, comme la somme des produits est formée de la multiplication de toutes les sommes pour les temps différents, je conclus qu'en divisant cette dernière somme par celle exigible, je dois trouver le temps moyen du paiement.

D'un autre côté les intérêts de 900 francs à 5 pour 100, pendant 16 mois, sont les mêmes que ceux de 900 francs prêtés pendant les divers temps énoncés dans la question.

299. D. *Comment opère-t-on dans le* troisième cas?

R. On multiplie la somme due par le temps de son crédit ; on multiplie de même les sommes avancées par le temps qu'on les a gardées ; on fait la somme des produits, et on la retranche de la somme due multipliée par son temps; on divise le restant par ce qui reste à payer ; le quotient exprimera le temps du paiement du reste de la dette.

Exemple : *Un maître maçon a entrepris la construction d'un bâtiment moyennant une somme de* 12.000 *francs*, *payable à la réception des travaux qui doivent durer 18 mois; mais ayant besoin de fonds, il demande à son propriétaire, après 6 mois de travail, une somme de 4.000 francs, et encore celle de 5.000 francs au bout de 8 mois : on demande combien de temps ce propriétaire doit garder les derniers 3.000 francs pour compenser les avances qu'il a faites.* R. *40 mois 20 jours.*

OPÉRATION.

Sommes dues.		Sommes avancées.	
De 12.000 × 18^{m} =	216.000	4.000 × 6^{m} =	24.000
Otez 9.000	94.000	5.000 × 14^{m} =	70.000
3.000	122.000 | 3000	9.000	94.000
	120 00 | 40^{m} 20^{j}		
	2 000		
En jours. .	30		
	6 0000		
	6 0000		
	0		

2e Exemple : *Un propriétaire ayant vendu des immeubles pour une somme de 16.000 francs, à 10 mois de crédit, n'a reçu le $\frac{1}{4}$ de cette somme qu'au bout de 17 mois : on demande à quelle époque il avait reçu les $\frac{3}{4}$ de cette somme?* R. *7 mois 20 jours.*

OPÉRATION.

16.000 × 10 mois =	160.000.	
4.000 × 17 mois —	68.000.	
12.000	92.000	12.000
	84.000	7 mois 20 jours.
	8.000	
En jours. .	30	
	24 0000	
	24 0000	
	0	

3e Exemple : *Un négociant a acheté un bien pour* 80.000 *francs payables dans* 9 *mois, mais à condition que les avances qu'il fera à son vendeur seront sans escompte, le restant devant les proportionner. Ce négociant a payé* 40.000 *francs au bout de* 3 *mois,* 20.000 *francs* 2 *mois après les premiers, et* 10.000 *francs* 3 *mois après les seconds : on demande quand il devra payer le reste?*

OPÉRATION.

De 80.000 × 9 = 720.000		40.000 × 3 = 120.000	
Otez 70.000 300.000		20.000 × 5 = 100.000	
10.000 420.000	10.000	10.000 × 8 = 80.000	
400 00	42 mois	70.000	300.000
20 000			
20 000			
0			

QUESTIONS RELATIVES A LA RÈGLE DU TEMPS POUR LES PAIEMENTS.

172. Un débiteur doit la somme de **9.000** francs qu'il est obligé de payer en trois fois, savoir : la $\frac{1}{2}$ dans 8 mois, le $\frac{1}{3}$ dans 11 mois, et le reste dans 16 mois ; il demande de ne faire qu'un seul paiement, quand devra-t-il le faire ? R. Dans 15 mois.

173. Un marchand ambulant a acheté pour 3.000 francs de marchandises payables dans 14 mois, à condition que s'il avançait 1.200 francs, il pourrait garder le surplus 20 mois : on demande à quelle époque il devrait faire cette avance ? R. 3 mois 10 jours.

174. Un commerçant a acheté des marchandises pour 20.000 francs à 16 mois de crédit ; mais ayant payé une forte partie de la somme, il conserve 4.000 francs pendant 4 ans pour compenser l'avance qu'il a faite : on demande à quelle époque il avait versé les 16.000 francs ? R. 8 mois.

175. On demande dans combien de temps il faudrait payer **6.000** francs pour ne perdre ni ne gagner, sachant que d'après les premières conventions on aurait dû payer $\frac{1}{3}$ à 5 mois, $\frac{1}{4}$ à 7 mois, $\frac{2}{5}$ à 9 mois, et le reste à 15 mois ? R. 10 mois 4 jours.

LEÇON QUARANTIÈME.

De la Règle d'Escompte.

300. D. *Qu'appelle-t-on règle d'*escompte ?

R. On appelle règle d'*escompte* une opération qui a pour but principal de déterminer la remise que fait un créancier, ou la perte à laquelle il se soumet, en faveur du paiement anticipé qu'on lui fait d'une somme avant l'échéance du terme ; cette remise ou cette perte se nomme escompte.

Par exemple, un particulier qui donne de l'argent comptant pour un billet de 2.000 francs dont la valeur ne lui rentrera que dans 4 mois, doit retenir sur la somme qu'il avance, l'intérêt de cette même somme pour 4 mois, car c'est comme s'il prêtait 2.000 francs pour ce temps. L'escompte se prend comme l'intérêt à 4, à 5, à 6, à 7, etc., pour 100 par an.

301. D. *Combien distingue-t-on de sortes d'*escomptes?

R. On distingue deux sortes d'*escomptes,* savoir :

1° L'*escompte en dedans*, qui consiste à ne prendre que les intérêts simples du capital dû, ou de la valeur actuelle du billet.

Par exemple, si l'on présentait à un banquier un billet de 105 francs, payable dans un an, en prenant l'*escompte en dedans,* à raison de 5 pour 100, ce banquier ne donnerait au porteur du billet que 100 francs ; car il est évident que c'est comme s'il plaçait 100 francs pour un an à 5 pour 100, puisqu'il ne donne que 100 francs, et qu'il en retirera 105 francs au bout d'un an.

2° Et l'*escompte en dehors* qui exige l'intérêt du capital porté sur le billet, plus l'intérêt des intérêts de ce capital.

Par exemple, si l'on présentait à un banquier un billet de 2.000 francs, payable dans un an, et qu'on lui demandât en échange de l'argent comptant, il est évident qu'il devrait payer au porteur du billet 2.000 francs, moins les intérêts de l'argent dont il lui fait l'avance ; mais prenant l'*escompte en dehors*, c'est-à-dire, les intérêts de 2.000 francs à 5 pour 100, ce qui fait 100 francs, et déduisant ces 100 francs de 2.000 francs, il ne versera pour le billet que 1.900 francs. D'où il résulte qu'il n'avance réellement qu'une somme de 1.900 francs, et qu'il retient 100 francs qui sont les intérêts de 2.000 francs, tandis qu'en prenant l'*escompte en dehors*, il devrait payer 1.904 francs 7619 dix-millièmes.

302. *Que faut-il faire pour trouver l'*escompte en dedans *d'un capital quelconque pour un an?*

R. Multiplier ce capital par le taux et en diviser ensuite le produit par 100 augmenté du taux.

Exemple : *Un marchand a acheté pour 4.000 francs de marchandises à un an de terme ; le vendeur lui offre une diminution d'escompte à 6 pour cent, s'il veut payer comptant : combien ce marchand doit-il donner alors pour s'acquitter?*

Il est clair que ce marchand doit payer 4.000 francs moins l'escompte pour un an.

Or l'escompte de 106 francs pour un an est 6 francs,
L'escompte de 1 franc pour 1 an est $\frac{6}{106}$,
L'escompte de 4.000 francs pour 1 an est $\frac{6}{106} \times 4.000$, ou $\frac{6 \times 4000}{106} = \frac{24000}{106}$, ou 226 francs 415 millièmes pour l'escompte.

La somme à payer par le marchand est donc 4.000 francs — 226 francs 415 millièmes, ou 3.773 francs 585 millièmes.

Remarque. Si l'*escompte* au lieu d'être à 6 pour 100 par an était fixé à 4, à 5, ou à 7, etc., on résoudrait la question absolument de la même manière, en substituant au nombre 106, employé précédemment, les nombres 104, 105, 107, etc.

303. D. *Que faut-il faire pour trouver l'*escompte en dedans *d'un capital quelconque pour un certain nombre d'années?*

R. Multiplier le capital par le taux et ensuite par le nombre d'années, et diviser le produit par 100, plus le taux multiplié par le nombre d'années.

Exemple : *Combien doit-on payer d'escompte en dedans, à raison de 6 pour 100 par an, pour toucher sur le champ un billet de 4.000 francs, payable dans 4 ans?*

Puisque, sur 106 francs, on retient pour 1 an 6 francs,

Sur 124 francs, on retiendra donc pour 4 ans 24 francs,

Sur 1 franc, on retiendrait $\frac{24}{124}$,

Sur 4.000 francs, on retiendrait $\frac{24}{124} \times 4.000$, ou $\frac{4000 \times 6 \times 4}{100 + 6 \times 4}$ $= \frac{96000}{124}$, ou 774 francs 19 centimes pour l'escompte.

Le billet de 4.000 francs, payable dans 4 ans, se réduit donc au comptant à 4.000 — 774 francs 19 centimes, ou à 3.225 francs 81 centimes.

304. D. *Et si, après le nombre d'années, il y avait en outre un nombre de mois moindre que* 12, *que faudrait-il faire pour trouver l'*escompte?

R. Convertir d'abord les années en mois, ensuite chercher l'*escompte du capital* pour 12 mois, puis pour 1 mois, enfin pour le nombre de mois donné.

Exemple : *Un négociant a acheté un bien pour* 28.000 *francs à* 3 *ans* 6 *mois de terme; le vendeur qui se trouve dans le besoin lui offre une diminution d'escompte à* 6 *pour* 100, *s'il veut payer comptant : combien ce négociant doit-il donner alors pour se libérer?*

Il est évident qu'il doit payer 28.000 francs, moins l'escompte à 6 pour 100 pendant 3 ans 6 mois, ou 42 mois.

Or l'escompte de 106 francs pour 12 mois est 6 francs,

L'escompte de 1 franc pour 12 mois est $\frac{6}{106}$,

L'escompte de 28.000 francs pour 12 mois est donc $\frac{6}{106} \times 28.000$, ou $\frac{6 \times 28000}{106}$, ou 1.584 francs 90 centimes.

Puisque l'escompte de 28.000 francs en 12 mois est 1.584 francs 90 centimes,

L'escompte de 1 mois sera $\frac{6 \times 28000}{106 \times 12}$, ou 132 francs 075 millièmes.

L'escompte de 28.000 fr. en 42 mois sera donc $\frac{6 \times 28000 \times 42}{106 \times 12}$ $= \frac{7056000}{1272}$, ou 5.547 francs 16 centimes, ou 42 fois 132 francs 075 millièmes $\times$ 42.

Par conséquent, le négociant, pour se libérer, versera comptant 28.000 francs — 5.547 francs 16 centimes, ou 22.452 francs 84 centimes.

305. D. *Comment trouve-t-on l'*escompte en dedans *d'un capital quelconque pour un certain nombre de jours?*

R. On cherche d'abord l'*escompte* du capital pour un an ou 360 jours, ensuite celui de ce même capital pour un jour, puis on multiplie ce dernier produit par le nombre de jours donné.

Exemple : *On demande l'escompte et la valeur actuelle d'un billet de* 6.300 *francs, payable dans* 200 *jours, le taux étant réglé à* 5 *pour* 100.

L'escompte de 105 francs pour 560 jours étant 5 francs,

L'escompte de 1 franc pour 360 jours sera $\frac{5}{105}$,

L'escompte de 6.300 francs pour 360 jours sera donc $\frac{5}{105} \times$ 6.300, ou $\frac{5 \times 6300}{105} = 300$ francs.

Puisque l'escompte de 6.300 fr. dans 360 jours est 300 francs,

L'escompte de 1 jour sera $\frac{5 \times 6300}{105 \times 360}$, ou 0 franc 8333 dix-millièmes.

L'escompte de 6.300 fr. pour 200 jours sera donc $\frac{5 \times 6300 \times 200}{105 \times 360}$ $= \frac{6300000}{37800}$, ou 166 francs 6666 dix-millièmes, ou 200 fois 0 franc 8333, ou $0{,}8333 \times 200 = 166$ francs 66 centimes à quelque chose près.

L'escompte cherché est donc 166 francs 66 centimes, et la somme à toucher, en échange de 6.300 francs payables dans 200 jours, est de 6.300 francs — 166 francs 66 centimes, ou de 6.133 francs 34 centimes.

QUESTIONS RELATIVES A L'ESCOMPTE EN DEDANS.

176. On demande l'escompte et la valeur actuelle d'un billet de 9.000 francs, payable dans 2 ans, le taux étant réglé à 6 pour 100 par an? R. Escompte : 946 francs 28 centimes. Valeur : 8.035 francs 72 centimes.

177. L'escompte étant à 6 pour 100, trouver la valeur actuelle et l'escompte d'un billet de 4.800 francs, payable dans un an ? R. Valeur actuelle : 4.528 francs 31 centimes. Escompte : 271 francs 69 centimes.

178. Un marchand a acheté pour 3.000 francs de marchandises à un an de crédit, avec la faculté de payer avant le terme, moyennant 8 pour 100 d'escompte par an ; il veut payer le même jour, combien doit-il donner ? R. 2.777 francs 78 centimes.

179. Le capital de 2.000 francs est payable dans 18 mois ;

quelle sera la diminution, si l'on obtient 6 pour 100 d'escompte en payant comptant ? R. 169 francs 81 centimes.

180. Un épicier a vendu des marchandises pour 1.200 francs à 10 mois de crédit ; 5 mois après il demande au débiteur le prix convenu, moyennant un escompte de 5 pour 100 par an : combien doit-il recevoir ? R. 1.176 francs 20 centimes.

181. Un particulier présente à un banquier un billet de 800 francs, payable dans 9 mois et lui accorde un escompte de 7 pour 100 par an ; combien doit-il recevoir ? R. 760 francs 75 centimes.

182. Un négociant a acheté un bien pour 20.000 francs à 27 mois de crédit, avec la faculté de payer avant le terme, moyennant 9 pour 100 par an d'escompte ; à quelle époque doit-il payer pour ne débourser que 16.284 francs 40 centimes ? R. Comptant.

183. Combien doit-on payer pour un billet de 1.600 francs à 260 jours d'échéance, en retenant 5 pour 100 d'escompte par an ? R. 1.544 francs 98 centimes.

184. Un pharmacien a promis de payer 8.000 francs dans 9 mois, en se réservant la faculté de devancer le terme à 8 $\frac{1}{2}$ pour 100 d'escompte par an. Il se libère 160 jours avant l'échéance : combien doit-il verser ? R. 7.721 francs 46 centimes.

185. On demande combien de mètres de drap il faudrait acheter à raison de 18 francs le mètre, à 9 mois de terme, afin que, diminution de 8 pour 100 d'escompte par an, on payât comptant 11.236 francs ? R. 636 mètres.

De l'Escompte en dehors.

306. D. *Que faut-il entendre par* escompte en dehors?

R. Il faut entendre l'intérêt prélevé par anticipation sur toute la somme prêtée ou portée dans le billet, en ne donnant réellement que le capital diminué de son intérêt annuel ; de sorte que l'escompte se compose de l'intérêt du capital primitif, plus de l'intérêt de l'intérêt de ce capital.

307. D. *Comment prend-t-on l'escompte en* dehors?

R. L'escompte en *dehors* se calcule comme l'intérêt pour 100, et se prend ordinairement de 6 pour 100 par an.

Qu'il s'agisse, par exemple, *de prendre l'escompte en dehors de* 106 *francs à* 6 *pour* 100, *je dirai :*

L'escompte de 100 francs étant 6 francs,
L'escompte de 1 franc est $\frac{6}{100}$;
L'escompte de 106 francs sera $\frac{6}{100} \times 106$, ou $\frac{6 \times 106}{100} = \frac{636}{100}$, ou 6 francs 36 centimes.

Un billet de 106 francs, payable dans un an, qui représente un capital de 100 francs, éprouvera une retenue ou un escompte de 6 francs 36 centimes, lorsqu'on voudra le toucher à l'instant ; on ne recevra donc en argent comptant que 106 francs, moins 6 francs 36 centimes, ou 99 francs 64 centimes.

D'où il résulte que l'escompte en dehors 6 francs 36 centimes se compose de l'intérêt 6 francs du capital 100 francs, plus de l'intérêt 0 franc 36 centimes de 6 francs.

Les 99 francs 64 centimes, placés à 6 pour 100, ne vaudront dans 1 an que $\frac{6 \times 99,64}{100}$, ou 5 francs 9748 plus 99 francs 64 centimes, ou 105 francs 6184 dix-millièmes.

Qu'il s'agisse maintenant de trouver à quel taux les 99 *francs* 64 *centimes doivent être placés pour valoir* 106 *dans un an*, je dirai :

L'intérêt de 99 francs 64 centimes doit être 106 francs, moins 99 francs 64 centimes, ou 6 francs 36 centimes.

L'intérêt de 1 franc doit être $\frac{6^f,36^c}{99,64}$, ou $\frac{636}{9964}$, ou $\frac{3}{47}$. No 188.

L'intérêt de 100 francs doit donc être $\frac{100 \times 636}{9964}$, ou $\frac{100 \times 3}{47}$, ou 6 francs $\frac{18}{47}$, ou 6 francs 3829 dix-millièmes à quelque chose près.

Autre exemple : *Un pharmacien a acheté des drogues pour une somme de* 2.400 *francs à un an de crédit ; le vendeur lui offre une diminution d'escompte à* 6 *pour* 100, *s'il veut payer comptant : on demande combien ce pharmacien doit donner alors pour se libérer ?*

Il est évident que ce pharmacien doit payer 2.400 francs, moins l'escompte à 6 pour 100.

Or l'escompte de 100 francs pour un an est 6 francs,
L'escompte de 1 franc pour 1 an est $\frac{6}{100}$;
L'escompte de 2.400 fr. pour 1 an est $\frac{6}{100} \times 2.400$, ou $\frac{6 \times 2400}{100} = \frac{14400}{100}$, ou 144 francs pour l'escompte.

La somme à payer comptant par le pharmacien est donc 2.400 francs — 144 francs, ou 2.256 francs.

3e Exemple : *Un négociant achète pour 6.000 francs de diverses marchandises, à un an de crédit, en se réservant la faculté d'escompter à 6 pour 100, s'il vient à payer avant la fin de l'année ; il veut se libérer au bout de 8 mois : on demande à combien doit se réduire la valeur du billet qu'il a souscrit :*

Il est clair que ce négociant, en payant 8 mois après la date du billet qu'il a souscrit, doit jouir d'un escompte de 6 pour 100 par an, pour les 4 mois qui restent à courir.

Or l'escompte de 100 francs en 1 an étant 6 francs,

L'escompte de 1 franc en 1 an sera $\frac{6}{100}$,

L'escompte de 6.000 francs en 1 an sera $\frac{6}{100} \times 6.000$, ou $\frac{6 \times 6000}{100}$ ou 360 francs.

L'escompte de 6.000 francs en 1 mois sera $\frac{6 \times 6000}{100 \times 12}$, ou 30 fr.

L'escompte de 6.000 francs en 4 mois sera donc $\frac{6 \times 6000 \times 4}{100 \times 12}$, ou 120 francs.

Par conséquent, le billet de 6.000 francs se réduit donc, après 8 mois, à 6.000 francs — 120 francs pour l'escompte de 4 mois à courir, ou à 5.880 francs.

4e Exemple : *On a vendu pour 5.640 francs un billet de 6.000 francs, payable dans un an, on demande le taux de l'escompte ?*

La différence entre ces deux sommes étant 360 francs, je vois que l'escompte de 6.000 est 360 francs.

L'escompte de 1 franc est donc $\frac{360}{6000}$, ou 0 franc 06 centimes.

L'escompte de 100 francs est donc $\frac{360 \times 100}{6000} = 6$ francs, ou $0{,}06 \times 100 = 6$ francs.

Le billet a donc été vendu à raison de 6 francs pour 100 d'escompte par an.

5e Exemple : *Un billet de 6.000 francs ayant été vendu à raison de 6 pour 100 d'escompte par an, on a reçu 5.640 francs argent comptant : on demande à quelle époque ce billet était payable ?*

L'escompte du billet a été de 6.000 — 5.640, ou de 360 francs.

Or l'escompte de 1 franc par an étant $\frac{6}{100}$,
L'escompte de 6.000 francs par an est $\frac{6}{100}\times6.000$, ou $\frac{36000}{100}=$ 360 francs,
Puisque l'escompte 360 francs correspond à 1 an,
L'escompte 1 franc correspond à $\frac{1}{360}$,
L'escompte 360 francs correspond à $\frac{1}{360}\times360$, ou $\frac{360}{360}=1$ an.
Le billet a donc été vendu à un an avant son échéance.

6e Exemple : *Un marchand a acheté des marchandises pour 9.000 francs à un an de crédit, et s'est réservé la faculté de payer avant le terme, moyennant 5 pour 100 d'escompte par an ; il paie au bout de 80 jours, c'est-à-dire 280 jours avant l'échéance : on demande à combien doit se réduire la valeur du billet qu'il a souscrit?*

L'escompte de 100 francs pour 360 jours étant 5 francs,
L'escompte de 1 franc pour 360 jours sera $\frac{5}{100}$,
L'escompte de 9.000 francs pour 360 jours sera donc $\frac{5}{100}\times9.000$ ou $\frac{5\times9000}{100}$, ou 450 francs.
Puisque l'escompte de 9.000 francs dans 360 jours est 450 fr.,
L'escompte de 1 jour sera $\frac{5\times9000}{100\times360}$, ou $\frac{45000}{36000}$, ou 1 franc 25 c.
L'escompte de 9.000 fr. pour 280 jours sera donc $\frac{5\times9000\times280}{100\times360}$, ou $\frac{12600000}{36000}=350$ francs, ou 280 fois 1 franc 25 centimes, ou 1 fr. 25 centimes $\times$ 280 = 350 francs.
Le billet de 9.000 francs se réduit donc, après 80 jours, ou 280 jours avant son échéance, à 9.000 — 350, ou à 8.650 francs.

QUESTIONS RELATIVES A L'ESCOMPTE EN DEHORS.

186. Un particulier a vendu à un banquier pour 7.500 francs un billet de 8.000 francs, payable dans un an : on demande le taux de l'escompte? R. 6 francs 25 centimes.

187. On demande l'escompte de 3.000 francs à 6 pour 100 pour 4 ans? R. 720 francs.

188. Un marchand devait payer une somme de 3.500 francs dans un an, mais il veut se libérer 8 mois avant l'échéance; on la lui escompte à raison de 6 pour 100 : à combien s'élèvera son escompte? R. 140 francs.

189. On demande combien on doit payer d'escompte en dehors,

à raison de 6 pour 100 par an, pour toucher comptant un billet de 7.400 francs, payable dans 2 ans 9 mois ? R. 1.221 francs.

190. Deux billets, l'un de 2.400 francs, et l'autre de 3 500 francs, sont payables, le premier dans 10 mois, et le second dans 27 ; mais en payant comptant on obtient 5 pour 100 d'escompte par an pour le premier, et 8 pour le second : quelle est la diminution ? R. 1er 100 francs ; 2e 630 francs.

191. Un billet de 4.600 francs, payable dans 20 mois, a été escompté pour 4.301 francs argent comptant : on demande le taux de l'escompte ? R. 3 francs 90 centimes.

192. Un billet de 2.500 francs ayant été escompté à raison de 6 pour 100 par an, on a reçu 2.100 francs argent comptant : on demande à quelle époque le billet était payable ? R. Dans 32 mois.

193. Un marchand a vendu pour 960 francs de marchandises à 1 an de crédit, moyennant escompte ; on l'a payé au bout de 4 mois et on ne lui a versé que 934 francs 40 centimes : on demande le taux de l'escompte pour 100 par an ? R. 4 pour 100.

194. Un marchand a vendu diverses marchandises à 300 jours de crédit, en laissant au débiteur la faculté de dévancer le terme, à raison de 6 pour 100 d'escompte par an ; on lui paie comptant 5.700 francs : combien aurait-il reçu au bout des 300 jours ? R. 6.000 francs.

195. Un bijoutier a acheté de l'or pour 960 francs, à 1 an de crédit, avec la faculté d'escompter à 4 pour 100 ; il a dévancé le terme et a payé 937 francs 60 centimes : on demande de combien il a dévancé l'époque de l'échéance ? R. De 7 mois.

LEÇON QUARANTE-UNIÈME.

De la Règle de Change.

308. *Qu'est-ce que la règle de* change ?

R. La règle de *change* est une opération qui a pour but principal de déterminer ce qu'il faut donner d'argent à un banquier pour en obtenir un billet, ou lettre de change, avec lequel on puisse toucher ou faire passer dans telle ou telle ville, chez son correspondant, une somme déterminée, dont on a besoin.

Le change se prend absolument comme l'intérêt à tant pour 100, mais il varie de prix suivant les circonstances.

Puisque le change est une espèce d'intérêt, on résoudra toutes les opérations qui s'y rattachent, en suivant les principes donnés numéros 287 et suivants. Ainsi, pour déterminer le change d'une somme quelconque, on multipliera cette somme par le taux du change, et l'on divisera ensuite le produit par 100.

Exemple : *Un particulier voulant aller de Strasbourg à Lyon, va trouver un banquier, afin qu'il lui fasse toucher* 3.800 *francs dans cette dernière ville : on demande quelle somme il doit donner au banquier, le change étant fixé à* 2 *pour* 100?

Le change étant fixé à 2 pour 100, je dirai :

Si, pour 100 francs, on prend de change 2 francs,

Pour 1 franc on prendra $\frac{2}{100}$,

Pour 3.800 francs on prendra donc $\frac{2 \times 3800}{100} = \frac{7600}{100}$, ou 76 fr.

Le change demandé étant 76 francs, ce particulier sera obligé de verser au banquier de Strasbourg 3.876 francs, pour en recevoir une lettre de change de 3.800 francs net sur Lyon.

Autre exemple : *Un commerçant qui est à Rouen, veut envoyer à Colmar une lettre de change de* 1.200 *francs; on la lui procure moyennant* $4\frac{1}{2}$ *pour* 100 *: on demande combien il doit donner pour le change?*

Le change étant arrêté à 4 francs 50 centimes pour 100, je dirai :

Si, pour 100 francs, on prend de change 4 francs 50 centimes,

Pour 1 franc on prendra $\frac{4^{f},50}{100}$,

Pour 1.200 francs on prendra donc $\frac{4,50 \times 1200}{100} = \frac{5400,00}{100}$, ou 54 francs.

Le change demandé étant 54 francs, ce commerçant devra verser 1.254 francs pour obtenir une lettre de change de 1.200 francs net sur Colmar.

309. D. *S'il fallait déduire le change sur la somme versée, que ferait-on?*

R. On emploierait le même procédé que pour prendre l'escompte en dedans numéro 301, c'est-à-dire qu'il faudrait multiplier la somme par le taux du change, et diviser le produit par 100 augmenté de ce taux.

Exemple : *Un employé qui est à Marseille, veut envoyer à Metz une lettre de change de 1.200 francs ; on la lui procure moyennant 4 francs 50 centimes pour 100. En déduisant le change sur la somme versée au banquier, quel serait ce change, et de combien sera la lettre de change?*

Il est évident que si la somme versée au banquier était 104 francs 50 centimes, il devrait retenir 4 francs 50 centimes. Je dirai donc :

Si, pour 104 francs 50 centimes, on prend de change 4 francs 50 centimes,

Pour 1 franc on prendra $\frac{4,50}{104,50}$,

Pour 1.200 francs on prendra donc $\frac{4,50 \times 1200}{104,50} = \frac{540000}{10450}$, ou 51 francs 674 millièmes pour le change.

La lettre de change sera donc de 1.200 francs, moins 51 francs 674 millièmes, ou 1.148 francs 326 millièmes environ près.

QUESTIONS RELATIVES AU CHANGE.

196. Un commis voyageur voulant aller de Brest à Grenoble, va trouver un banquier, afin qu'il lui fasse toucher 7.600 francs dans cette dernière ville ; quelle somme doit-il remettre au banquier, le change étant fixé à $3 \frac{1}{4}$ pour 100? R. 7.624 francs 70 centimes.

197. Un capitaine a reçu d'un banquier un billet de 4.692 francs 45 centimes pour une somme de 4.578 francs qu'il a payée : à combien le banquier a-t-il pris le change? R. 2 francs 50 centimes.

198. On demande combien on doit donner à un banquier à Lille pour toucher à Toulon, chez son correspondant, 900 francs, en supposant que le change soit de 2 francs 30 centimes pour 100? 920 francs 70 centimes.

199. Un ouvrier qui est à Bordeaux, veut envoyer à Nancy une lettre de change de 700 francs ; on la lui procure moyennant 2 francs 40 centimes pour 100 : que doit-il donner pour le change? R. 16 francs 80 centimes.

200. Un commerçant prend d'un autre 6.500 francs, moyennant 7 francs 50 centimes pour 100 de change ; de combien le premier doit-il faire son billet au second? R. De 6.988 francs 04 centimes.

201. Un notaire qui est au Hâvre veut envoyer à Épinal une lettre de change de 9.180 francs ; on la lui procure moyennant 2 pour 100. En déduisant le change sur la somme versée au banquier,

quel sera ce change, et de combien sera la lettre de change? R. Change : 2 pour 100 ; lettre de change : 9.000 francs.

LEÇON QUARANTE-DEUXIÈME.

De la Règle de Société.

310. D. *Qu'est-ce que la règle de société?*

R. La règle de *société* qu'on appelle aussi règle de *partage*, est une opération qui sert à partager entre plusieurs associés le profit ou la perte résultant de leur commerce, de manière que la part de chaque associé soit proportionnelle à sa mise, si toutes ont été employées le même temps, et au produit de la mise par le temps, si la durée de leur emploi n'a pas été égale pour toutes les mises.

Ces considérations de mises et de temps ont donné lieu à distinguer deux sortes de règles de *société* ou de *partage*, l'une *simple* et l'autre *composée;* et ces deux règles qui sont de véritables règles de trois, ou simples ou composées, se résolvent de même. Numéros 277 et 280.

De la Règle de Société simple.

311. D. *Comment résout-on une règle de société* simple?

R. Pour résoudre une règle de société *simple*, il faut indiquer sous forme de fraction, le quotient du bénéfice ou de la perte par la mise totale des associés, et multiplier cette quantité par chaque mise particulière, on aura ainsi le bénéfice ou la perte de chaque associé.

Exemple : *Quatre entrepreneurs se sont réunis pour une entreprise dans laquelle ils ont fourni, le* 1er 7.500 *francs, le* 2e 8.750 *francs, le* 3e 6.500 *francs, et le* 4e 7.250 *francs. Au bout de* 2 *ans, ils ont fait un bénéfice de* 12.000 *francs: on demande ce qui revient à chacun?*

Ici le temps est le même pour toutes les mises; par conséquent chaque part dans le bénéfice doit être proportionnelle à sa mise correspondante.

J'additionnerai donc les mises partielles, j'obtiendrai 30.000 francs, le bénéfice produit par 1 franc sera $\frac{12000}{30000}$.

J'aurai donc pour bénéfice correspondant $\frac{12000 \times 7500}{30000} = 3.000$ francs; 8.750 produiront $\frac{12000 \times 8750}{30000} = 3.500$; 6.500 produiront $\frac{12000 \times 6500}{30000} = 2.600$; 7.250 produiront $\frac{12000 \times 7250}{30000} =$ 2.900.

De sorte que la part du premier entrepreneur dans le bénéfice de 12.000 francs correspond, proportionnellement à sa mise de 7.500 francs

A ci......................	3.000 francs,
Celle du second à, ci..........	3.500 francs,
Celle du troisième à, ci.......	2.600 francs,
Et celle du quatrième à, ci.....	2.900 francs.
Total des parts proportionnelles dans le bénéfice	12.000 francs.

Autre exemple : *Trois négociants se sont réunis pour une spéculation commerciale : le 1er a mis 4.000 francs, le 2e 9.000 francs, et le 3e 5.000 francs; ils ont fait une perte de 12.000 francs : on demande la perte que doit supporter chaque négociant proportionnellement à sa mise?*

Comme précédemment j'additionne les mises individuelles, j'obtiens 18.000 francs, la perte produite par 1 franc est $\frac{12000}{18000}$. J'ai pour perte correspondante à 4.000 fr., la quantité $\frac{12000 \times 4000}{18000} = 2.666 + \frac{12}{18}$; pour 9.000 francs, celle $\frac{12000 \times 9000}{18000} = 6.000$; pour 5.000, celle $\frac{12000 \times 5000}{18000} = 3.333 + \frac{6}{18}$.

En sorte que le premier négociant éprouve une perte

De, ci:.............................	$2.666 + \frac{12}{18}$
Le second, celle de, ci.................	6.000
Et le troisième celle de, ci...............	$3.333 + \frac{6}{18}$
A y ajouter 1 franc de l'addition des restes, ci.	1
Total des parts proportionnelles dans la perte, ci.	12.000 francs.

312. D. *Comment fait-on la* preuve *de cette règle?*

R. On fait la somme des résultats obtenus; si l'on a bien opéré, elle doit représenter le nombre à partager. S'il y a des restes, on les réunit ensemble, et après en

7*

avoir divisé la somme par le diviseur commun, on ajoute le quotient aux résultats trouvés. On peut aussi mettre les restes sous la forme de fractions, comme on le voit ci-dessus.

QUESTIONS RELATIVES A LA RÈGLE DE SOCIÉTÉ SIMPLE.

202. Deux fabricants s'étant associés, ont gagné 8.470 francs ; le premier avait mis 1.200 mètres de velours à 2 francs 50 centimes le mètre, et le deuxième 700 mètres de drap à 13 francs le mètre : on demande la part de chacun sur le gain? R. premier : 2.100 francs ; deuxième : 6.370 francs.

203. Quatre marchands se sont réunis pour une entreprise dans laquelle ils ont fourni, le premier 800 francs, le deuxième 1.200 francs, le troisième 1.000 francs, et le quatrième 2.000 francs ; ils ont fait un bénéfice de 3.000 francs : on demande le bénéfice de chacun? R. premier : 480 francs ; deuxième : 720 francs ; troisième : 600 francs ; quatrième : 1.200 francs.

204. Trois négociants ayant formé une association, conviennent que le premier mettra 4.000 francs, le deuxième un quart de plus que le premier, et le troisième autant que les deux autres ; ils ont fait un bénéfice net de 9.000 francs : quelle doit être la part de chacun? R. premier : 2.000 francs ; deuxième : 2.500 francs, troisième, 4.500 francs.

205. Quatre héritiers ont à se partager une succession de 60.000 francs, de manière que, quand le premier aura 8 francs, le deuxième n'en ait que 6, le troisième 4, et le quatrième 2 : on demande la part de chacun. R. première : 24.000 francs ; deuxième : 18.000 francs ; troisième : 12.000 francs ; quatrième : 6.000 francs.

206. Trois frères se sont associés pour le commerce. L'aîné a mis 2.808 francs, le cadet 1.404 francs, et le plus jeune 468 francs ; ils ont fait une perte de 1.560 francs : combien chacun doit-il en supporter? R. L'aîné 936 francs, le cadet 468 francs, le plus jeune 156 francs.

207. Un homme meurt laissant sa femme enceinte, et, par son testament, il dispose ainsi de sa fortune montant à 48.000 francs : « si ma femme met au monde un fils, les $\frac{3}{4}$ de mon bien lui appartiendront, et l'autre $\frac{1}{4}$ sera à sa mère ; s'il naît une fille, elle aura le $\frac{1}{3}$ de mon bien, sa mère aura l'autre. » Comment partagera-t-on, suivant les intentions du testateur, s'il naît un fils et une fille?
La mère aura 8.000 francs ; la fille 16.000 ; et le fils 24.000.

En effet, je suppose que la mère hérite de 1 franc, d'après les intentions du testateur, la fille héritera de 2 francs et le fils de 3 francs, ce qui ferait pour la succession entière 6 francs. Ainsi, dans cette succession supposée de 6 francs, la mère a $\frac{1}{6}$, la fille $\frac{2}{6}$, et le fils $\frac{3}{6}$; il en sera de même pour la succession de 48.000 francs, la mère aura le $\frac{1}{6}$, c'est-à-dire 8.000 francs ; la fille $\frac{2}{6}$, c'est-à-dire 16.000 francs ; et le fils $\frac{3}{6}$, c'est-à-dire, 24.000 francs.

De la Règle de Société composée.

313. D. *Comment résout-on une règle de* société composée ?

Comme celle de la règle de *société simple*, avec la seule différence qu'il faut multiplier la mise de chaque associé par le temps pendant lequel elle a été employée ; et la somme de toutes les mises ainsi multipliées exprimera le fonds de la société.

Exemple : *Trois commerçants ont fait une société dans laquelle le premier a mis* 6.000 *francs pour* 2 *ans, le deuxième* 1.500 *francs pour* 20 *mois, et le troisième* 1.000 *francs pour* 12 *mois : on demande ce qu'il revient à chacun du bénéfice qui s'élève à* 12.000 *francs ?*

Je ramène cette question à une règle de *société simple* en rapportant toutes les mises à un même temps. Pour cela, je dis que 6.000 francs, laissés dans la société pendant 2 ans ou 24 mois, doivent produire autant de bénéfice que 24 fois 6.000 francs, ou 144.000 francs qui auraient été employés 1 mois ; par la même raison, les 1.500 francs, employés 20 mois et les 1.000 francs pendant 12 mois, produiront autant que 20 fois 1.500 francs, ou 30.000 francs, et 12 fois 1.000 francs, ou 12.000 francs, conservés 1 mois. Cela posé, l'opération est ramenée à celle-ci :

Trois commerçants ont placé pour 1 *mois, le premier* 144.000 *francs, le deuxième* 30.000 *francs, et le troisième* 12.000 *francs ; ils ont fait un bénéfice de* 12.000 *francs : on demande la part de chacun dans ce bénéfice.*

Maintenant que la question est ramenée à une règle de *société simple*, j'additionne les mises partielles, j'obtiens 186.000 francs, le bénéfice produit par 1 franc sera $\frac{12000}{186000}$.

J'ai donc pour bénéfice correspondant à 144.000 francs, la quantité $\frac{12000 \times 144000}{186000}$, ou 9.290 francs + 60000 de reste ; pour 30.000 francs celle de $\frac{12000 \times 30000}{186000}$, ou 1.935 francs + 90000 de reste ; enfin pour 12.000 francs, celle de $\frac{12000 \times 12000}{186000}$, ou 774 francs + 36000 de reste.

En sorte que la part du 1er dans le bénéfice est, ci 9.290 + 60000 ;
Celle du 2e, ci.......... 1.935 + 90000 ;
Et celle du 3e, ci......... 774 + 36000 ;
A y ajouter 1 fr. provenant de la division des restes 1
Total des parts proportionnelles... 12.000f 186.000

Cela trouvé l'opération est exacte.

Autre exemple. *Trois maçons s'étaient associés pour la construction d'une église. Le premier, qui n'avait mis en commun que* 2.000 *francs, s'est retiré au bout de* 15 *mois; le deuxième, qui avait mis* 9.000 *francs, s'est retiré au bout de* 2 *ans; le troisième, qui avait mis* 13.000 *francs, a encore continué les travaux* 8 *mois ; au bout de ce temps, il s'est trouvé une perte de* 10.000 *francs : on demande la perte que chacun doit supporter ?*

Il est évident qu'ici la perte de chacun dépend de deux choses, 1° de la somme qu'il a avancée ; 2° du temps pendant lequel elle a été employée.

Comme précédemment, je ramène cette question à une règle de *société simple* en rapportant toutes les mises à un même temps. Pour cela, je dis que 2.000 francs, employés pendant 15 mois, doivent donner autant de perte que 15 fois 2.000 francs, ou 30.000 francs qui auraient été avancés pendant 1 mois ; par la même raison les 9.000 francs, avancés 2 ans ou 24 mois, et les 13.000 francs pendant 32 mois, produiront autant de perte que 24 fois 9.000 francs, ou 216.000 francs, et 32 fois 13.000 francs, ou 416.000 francs avancés pour 1 mois.

Cela établi, l'opération est ramenée à celle-ci :

Trois maçons s'étaient associés pour 1 *mois dans la construction d'une église. Le premier avait avancé* 30.000 *fr., le deuxième* 216.000 *francs, et le troisième* 416.000 *francs; ils ont éprouvé une perte de* 10.000 *francs : combien chacun doit-il en supporter ?*

Alors plus de difficulté : je fais la somme des avances partielles, je trouve 662.000 francs.

J'ai donc pour perte correspondante à 30.000 francs la quantité $\frac{10000 \times 30000}{662000}$, ou 453 francs + 144000 de reste; pour 216.000 fr., celle $\frac{10000 \times 216000}{662000}$, ou 3.262 francs + 556000 de reste ; enfin pour 416.000 francs, celle $\frac{10000 \times 416000}{662000}$, ou 6.283 francs + 654000 de reste.

En sorte que le 1er supporte une perte de, ci	453f + 114000;
Le second, celle de....................	3.262f + 556000;
Et le troisième, celle de....................	6.283f + 654000;
A y ajouter 2 fr. provenant de la division des restes, ci..........................	2f
Total des pertes à supporter.......	10.000f 1.324.000

QUESTIONS RELATIVES A LA RÈGLE DE SOCIÉTÉ COMPOSÉE.

208. Un particulier forme un commerce pour l'établissement duquel il avance 8.000 francs ; 8 mois après il s'adjoint un associé qui fournit 3.000 francs, et 4 mois plus tard encore, il s'en adjoint un second qui apporte 7.000 francs; au bout de 3 ans, il se trouve un bénéfice de 9.000 francs : on demande combien chacun doit en retirer? R. premier : 4.800 francs ; deuxième : 1.400 francs ; troisième : 2.800 francs.

209. Trois propriétaires voulant faire le commerce sur le bétail, firent un fonds commun ; le premier, qui eut 1.800 francs pour bénéfice, avait avancé 3.600 francs pour 15 mois, le deuxième avait versé 5.000 francs pour 12 mois, et le troisième 4.500 francs pour 20 mois : on demande quel fut le gain total de l'association, et celui des deux propriétaires ? R. Gain total : 6.800 francs ; deuxième: 2.000 francs ; troisième : 3.000 francs.

210. Trois employés se sont réunis pour former une entreprise qu'ils ont limitée à 4 ans, et après lesquels ils ont retiré un bénéfice de 21.000 francs. Sachant que le premier avait mis d'abord 9.000 francs, et qu'il y a ajouté 4.000 francs au bout de 18 mois ; que le second avait mis d'abord 7.000 francs, et qu'il y a ajouté 6.000 francs au bout de 13 mois ; et qu'enfin le troisième avait mis 5.000

francs, et qu'il y a ajouté 9.000 francs au bout de 10 mois : on demande ce qu'il revient à chacun dans le bénéfice? R. au premier, 6.900 francs; au deuxième, 6.825 francs; au troisième : 7.275 francs.

211. Deux ouvriers, 1 maçon et 1 charpentier, ont pris l'entreprise d'un bâtiment; le premier y a employé 30 ouvriers pendant 120 jours, et le deuxième 20 pendant 50 jours : leur gain étant de 9.200 francs, combien chacun doit-il en retirer? R. Le maçon : 7.200; le charpentier : 2.000 francs.

212. Un fermier possède 24 chevaux et assez de fourrage pour en donner à chacun 10 kilogrammes par jour, pendant 6 mois; mais il achète 6 autres chevaux sans augmenter sa provision de fourrage et veut que celle-ci dure 5 mois : on demande la ration de chaque cheval par jour? R. 9 kilog. 6 hectog.

213. Deux sociétés d'ouvriers ont été employées à faire une route dont la dépense se monte à 38.360 francs : on demande combien chaque société doit recevoir, sachant que la première était composée de 80 hommes qui ont travaillé pendant 460 jours et 10 heures par jour, et la seconde de 160, qui ont travaillé pendant 520 jours et 8 heures $\frac{3}{4}$ par jour? R. première : 12.880 francs; deuxième : 25.480 francs.

214. Trois rouliers se sont engagés à conduire des cotons dans différentes localités pour une somme de 17.928 francs. Le premier a conduit 800 kilogrammes à 80 kilomètres, le deuxième 1.200 kilogrammes à 112 kilomètres, et le troisième 1.600 kilogrammes à 4 myriamètres; on sait de plus que la difficulté des routes est exprimée respectivement par les nombres 4, 7 et 9, et que le premier roulier qui a fait le marché doit prendre 200 francs avant le partage : quelle est la somme qu'il revient à chacun? R. Au premier, 2.760 francs; au deuxième, 9.408 francs; au troisième, 5.760 francs.

215. Trois entrepreneurs s'étant associés pour 6 ans, ont fait un bénéfice de 23.560 francs; le premier a mis d'abord 4.000 francs, un an après il a mis 3.000 francs, 20 mois après cette seconde mise il a encore placé 2.000 francs; le deuxième a mis 3.000 francs, 10 mois après il a encore mis 3.000 francs; le troisième, qui n'avait rien mis au commencement de la société, a mis au bout de 3 ans 5.000 francs, et, 12 mois après cette première mise, il en a fait une autre de 2.000 francs : on demande la part de chacun dans le bénéfice? R. premier : 10.960 francs; deuxième : 8.040 francs; troisième : 4.560 francs.

216. Quatre marchands de bois se sont associés pour 5 ans ; le premier a mis au commencement 5.000 francs, et 18 mois après 1.200 francs ; le deuxième a mis d'abord 2.000 francs, puis 1.600 francs 16 mois après, et enfin 12 mois après ce second placement, il a encore mis 1.800 francs ; le troisième, qui d'abord avait mis 7.000 francs, a retiré 2.000 francs au bout de 12 mois, et 15 mois après il a encore retiré 1.000 francs ; le quatrième ne fit ses placements que 10 mois après la formation de la société, et à cette époque il a placé d'abord 4.000 francs, et enfin 24 mois après ce premier placement, il a encore mis 3.000 francs ; ils ont fait un bénéfice de 9.339 francs 20 centimes : on demande la part de chacun d'eux? R. premier : 2.803 francs 20 centimes ; deuxième : 1.984 francs; troisième : 2.328 francs ; quatrième : 2.224 francs.

217. Une tante laisse à 6 de ses nièces une succession de 139.008 francs, à condition que moins elles auront d'âge plus leur part sera grande ; combien auront-elles chacune, sachant que la première a 20 ans, la deuxième 16 ans, la troisième 10 ans, la quatrième 8 ans, la cinquième 6 ans, et la sixième 4 ans ? R. première, 9.216 francs ; deuxième, 11.520 francs ; troisième, 18.432 francs ; quatrième, 23.040 francs ; cinquième, 30.720 francs ; sixième, 46.080 francs.

218. Une succession de 384.000 francs doit être partagée entre 24 héritiers qui forment trois branches, et qui doivent prendre dans le montant de la succession selon le degré de parenté ; la première branche prend $\frac{1}{2}$, la seconde $\frac{1}{3}$, et la troisième $\frac{1}{6}$: combien chaque héritier a-t-il reçu et combien y en a-t-il dans chaque branche, sachant qu'ils ont reçu chacun une somme égale ? R. Chaque héritier a reçu 16.000 francs ; la première branche se compose de 12 héritiers ; la seconde, de 8 ; et la troisième, de 4.

LEÇON QUARANTE-TROISIÈME.

De la Règle de Troc.

314. D. *Qu'appelle-t-on règle de* troc ?

R. On appelle règle de *troc* une opération qui a pour but d'échanger une chose contre une autre, ou bien de proportionner le prix d'un objet au prix que l'on veut avoir d'un autre.

Exemple : *Un négociant veut troquer du drap à 10 francs le mètre, contre du velours à 4 francs le mètre : combien doit-il recevoir de velours, en échange de 120 mètres de drap?*

Les 120 mètres de drap valent 120 fois 10 francs ou 1.200 fr., il recevra autant de mètres de velours que le prix 4 francs du mètre de velours est contenu de fois dans 1.200 francs ; divisant donc 1.200 francs par 4 francs, le quotient 300 exprimera le nombre de mètres de velours demandé.

Ou, en employant les moyens donnés au numéro 277, je dirai : Puisque 1 mètre de drap vaut 10 francs et 1 mètre de velours vaut 4 francs,

Pour 1 franc j'aurai $\frac{1^m}{10}$ de drap, ou $\frac{1}{4}$ de velours.

$\frac{1^m}{10}$ de drap vaut donc autant que $\frac{1^m}{4}$ de velours.

1 mètre de drap vaut donc 10 fois $\frac{1^m}{4}$, ou $\frac{10}{4}$ de velours.

Les 120 mètres de drap valent donc 120 fois $\frac{10}{4}$ ou $\frac{120 \times 10}{4} =$ 300 mètres.

2e Exemple. *Un fabricant veut échanger du velours contre du taffetas; 4 mètres de velours valent autant que 6 mètres de taffetas : combien ce fabricant recevra-t-il de mètres de taffetas pour 90 mètres de velours?*

D'après l'énoncé de la question, je dirai :

Pour 1 mètre de velours, j'aurai $\frac{6}{4}$ de taffetas,
Pour 90 mètres de velours, j'aurai donc 90 fois $\frac{6}{4}$, ou $\frac{6 \times 90}{4} =$ 135 mètres de taffetas.

3e Exemple. *Un fabricant veut échanger du velours pour de la mousseline-laine; 4 mètres de velours valent autant que 6 mètres de taffetas, et 8 mètres de taffetas valent autant que 12 mètres de mousseline-laine : combien ce fabricant recevra-t-il de mètres de mousseline-laine pour 120 mètres de velours?*

1 mètre de velours vaut $\frac{6}{4}$ de taffetas, 1 mètre de taffetas vaut $\frac{12}{8}$ de mousseline-laine.

1 mètre de velours vaut donc les $\frac{6}{4}$ de $\frac{12^m}{8}$ de mousseline-laine, ou $\frac{72^m}{32}$ de mousseline-laine.

Les 120 mètres de velours valent donc 120 fois $\frac{72^m}{32}$ de mousseline-laine, ou $\frac{72 \times 120}{32} = 270$ mètres de mousseline-laine.

4e Exemple : *Un marchand a du drap qu'il vend 10 francs le mètre, argent comptant, et dont il veut avoir 12 francs en troc, mais moitié comptant ; un autre marchand a du velours qu'il vend 4 francs : combien ce dernier doit-il vendre son velours en échange contre le drap du premier pour ne pas perdre ?*

Comme le prix du drap estimé 10 francs comptant, est en échange de 12 francs, mais moitié comptant, il est clair qu'il faut retrancher ce comptant des deux prix différents, et considérer ce drap comme se vendant en troc 6 francs et argent comptant 5 francs. Je dirai donc :

Sur 5 francs je gagne 1 franc,

Sur 1 franc je gagnerai $\frac{1}{5}$,

Sur 4 francs je gagnerai donc 4 fois $\frac{1}{5}$ ou $\frac{1}{5} \times 4$, ou $\frac{1 \times 4}{5} = 0$ f. 8 décimes.

Le second marchand doit donc vendre son velours 4 francs + 8 décimes ou 4 francs 8 décimes.

5e Exemple : *Un propriétaire a échangé un jardin qui vaut 600 francs, mais qu'il donne en troc pour 580 francs, contre une maison qui vaut 1.200 francs, mais qu'il ne paie en troc que 1.060 francs : on demande lequel des deux perd à l'échange ?*

Je dirai : sur 600 francs le propriétaire du jardin perd 20 francs,

Sur 1 franc il perdra $\frac{20}{600}$;

Sur 1.200 francs il perdra $\frac{20 \times 1200}{600} = 40$ francs.

Le propriétaire de la maison doit donc la vendre 1.200 francs — 40, ou 1.160 francs.

Or il l'a vendue 1.060 francs ; donc il perd 1.160 francs — 1.060 francs ou 100 francs.

6e Exemple : *Un marchand voudrait troquer de la toile à 0 franc 80 centimes le mètre, contre du calicot à 0 franc 90 centimes le mètre ; mais le marchand de calicot ne veut prendre la toile en troc qu'à raison de 0 franc 70 centimes le mètre : on demande à combien on doit réduire le prix du calicot?*

Je dirai : puisque 0 fr. 80 cent. se réduisent à 0 fr. 70 centimes;

0 fr. 01 centime se réduit à $\frac{0,70 \text{ c.}}{0,80 \text{ c.}}$,

0 fr. 90 centimes se réduiront donc à 0 franc 90 c. fois, $\frac{0,70}{0,80}$ ou à, $\frac{0,70 \times 90}{80} = 0$ franc 7875 dix-millièmes.

Le calicot se réduit donc à 0 fr. 7875 dix-millièmes.

QUESTIONS RELATIVES A LA RÈGLE DE TROC.

219. Un marchand veut troquer du casimir à 12 francs le mètre contre du taffetas à 9 francs le mètre : combien devra-t-on recevoir de casimir, en échange de 160 mètres de taffetas? R. 120 mètres.

220. Un fabricant veut échanger du velours contre du bazin; 8 mètres de velours valent autant que 14 mètres de basin : combien ce fabricant recevra-t-il de mètres de basin pour 140 mètres de velours. R. 245 mètres.

221. Un marchand veut échanger du velours pour de l'indienne ; 8 mètres de velours valent autant que 14 mètres de bazin, et 20 mètres de bazin valent autant que 30 mètres d'indienne : combien ce marchand recevra-t-il d'indienne pour 80 mètres de velours? R. 210 mètres.

222. Un marchand a du drap qu'il vend 16 francs le mètre, argent comptant, et dont il veut avoir 19 francs 60 centimes en troc, mais moitié comptant ; un autre marchand a une étoffe en soie qu'il vend 14 francs : combien ce dernier doit-il vendre son étoffe en échange contre le drap du premier pour ne pas perdre? R. 17 francs 15 centimes.

223. Un propriétaire a échangé un terrain qui vaut 1,200 francs, mais qu'il donne en troc pour 1.080 francs, contre un pré qui vaut 1.800 francs, mais qu'il ne paie que 1.580 francs ; on demande lequel des deux gagne à l'échange? R. Le propriétaire du terrain gagne 40 francs.

224. Un marchand troque du drap avec un de ses confrères et reçoit en échange de celui qu'il donne 300 mètres d'un autre drap estimé à 18 francs le mètre ; quel est le prix du sien, sachant qu'il en donne en échange 270 mètres? R. 20 francs.

225. Un épicier a du sucre qu'il vend, argent comptant, 150 francs les 100 kilogrammes, mais en troc il veut en avoir 180 francs; un autre a du café qu'il vend comptant 3 francs 60 centimes le kilogramme : combien ce dernier doit-il estimer son café en troc pour ne rien perdre ? R. 4 francs 32 centimes le kilogramme.

226. Un épicier a du café qui vaut 3 francs 60 centimes le kilogramme, argent comptant ; un autre épicier a du sucre qui lui coûte 1 franc 50 centimes le kilogramme, mais qu'en troc il veut vendre 1 franc 80 centimes ; ce dernier propose au premier de faire entr'eux un échange de ces deux espèces de marchandises, le premier y consent, mais à condition que la marchandise qu'il acceptera en échange lui sera livrée à 54 francs au-dessous du prix coûtant ; le second épicier accepte cette condition et donne 900 kilogrammes de sucre : on demande combien le premier devra remettre au second de kilogrammes de café? R. 360 kilogrammes.

227. Un commerçant a de la farine estimée 15 francs l'hectolitre au comptant, en échange il veut en avoir 18 francs ; un autre commerçant a de l'avoine estimée 6 francs l'hectolitre au comptant ; s'il fait un échange avec le premier, combien devra-t-il estimer son avoine en échange, et combien devra-t-il en donner d'hectolitres pour 300 hectolitres de farine ? R. 750 hectolitres à 7 francs 20 centimes.

LEÇON QUARANTE-QUATRIÈME.

De la Règle de Mélange.

305. D. *Qu'appelle-t-on règle de* mélange?

R. 1° Une opération par laquelle on cherche la valeur moyenne de plusieurs objets différents, mêlés ensemble, lorsqu'on en connaît le nombre et la valeur particulière de chaque objet avant le mélange;

2° C'est aussi une opération qui a pour but de découvrir combien on doit prendre de parties de différentes espèces de marchandises dont on connaît la valeur, pour en former un mélange à un prix moyen.

316. D. *Comment résout-on une règle de mélange du* premier cas?

R. Pour résoudre une règle de mélange du *premier cas*,

il suffit de multiplier le prix d'une mesure de chaque espèce par le nombre de ces mesures, et de diviser la somme de ces produits par le nombre total des mesures du mélange. On a ainsi le prix moyen d'une mesure qui se trouve toujours compris entre le prix le plus élevé et le prix le moins élevé des mesures à mélanger.

Exemple : *Un mélange est formé de 40 litres de vin à 0 franc 30 centimes le litre, de 26 litres à 0 franc 40 centimes, de 16 litres à 0 franc 80 centimes, de 18 litres à 0 franc 70 centimes le litre : on demande quel est le prix du litre de ce mélange?*

En appliquant la règle précédente, je dispose l'opération comme ci-après :

	40 litres × 0 fr. 30 c.		= 12 fr. 00 c.	
	26 litres × 0 fr. 40 c.		= 10 fr. 40 c.	
	16 litres × 0 fr. 80 c.		= 12 fr. 80 c.	
	18 litres × 0 fr. 70 c.		= 12 fr. 60 c.	
Total.	100 litres.	Somme.	47 fr. 80 c.	

Et divisant la somme des produits par le total des litres, je trouve 47 francs 80 centimes à diviser par 100, ce qui donne au quotient 0 franc 478 millièmes pour le prix du litre après le mélange.

2e Exemple : *Un fermier a du blé, savoir : 16 hectolitres 80 litres qu'il veut vendre 12 francs 60 centimes l'hectolitre, 12 hectolitres 50 litres qu'il veut vendre 14 francs 80 centimes l'hectolitre, et 25 hectolitres 40 litres qu'il veut vendre 16 francs 70 centimes l'hectolitre. Ne pouvant vendre son blé séparément, il se propose d'en faire un mélange dont la vente lui soit plus facile : on demande combien il doit vendre son blé ainsi mélangé, pour qu'il ne perde pas?*

Par application de ce qui précède, je trouve :

16 hect. 80 litres × 12 fr. 60 c.		= 211 fr. 68 c.
12 hect. 50 litres × 14 fr. 80 c.		= 185 fr.
25 hect. 40 litres × 16 fr. 70 c.		= 424 fr. 18 c.
Total 54 hect. 70 litres.	Produit.	820 fr. 86 c.

L'hectolitre du mélange (820 fr. 86 c. : 54 hectolitres 70 litres = 15 fr + $\frac{36}{5470}$) revient à 15 francs + $\frac{36}{5470}$.

317. D. *Comment fait-on la* preuve *de ces sortes de règles?*

R. On multiplie la moyenne du nombre des mesures par le prix de cette mesure, et si l'on obtient le même résultat qu'en multipliant chaque mesure par son prix particulier, l'opération est exacte.

Ainsi pour faire la preuve du premier exemple ci-dessus, je multiplie 100 par 0 fr. 478 millièmes, et je trouve 47 francs 80 centimes pour produit égal à la somme des prix particuliers des mesures qui entrent dans le mélange.

Par la même raison, je trouverai que, pour le 2e exemple, 54 hectolitres 70 litres à 15 fr. $\frac{36}{5470}$ = 820 francs 86 centimes.

QUESTIONS RELATIVES A LA RÈGLE DE MÉLANGE DU PREMIER CAS.

228. Un marchand de vin en a à 0 franc 20 centimes, à 0 franc 30 centimes, à 0 franc 40 centimes, à 0 franc 60 centimes, à 0 franc 80 centimes le litre; s'il les mêlait, à combien reviendrait le litre du mélange? R. 0 fr. 46 centimes.

229. Un particulier possède une forêt dont il veut connaître exactement la superficie ; il la fait mesurer par cinq arpenteurs qui lui rapportent :

Le premier, une contenance de 12.694 ares 80 centiares,
Le second, celle de......... 12.204 ares 50 centiares,
Le troisième, celle de....... 12.400 ares 20 centiares,
Le quatrième, celle de...... 12.000 ares 30 centiares,
Et le cinquième, celle de..... 12.500 ares 20 centiares. Vu l'inégalité des contenances, ce particulier se contente alors de la superficie moyenne prise entre les cinq opérations : on demande quelle est cette superficie. R. 12.360 ares.

230. Un mélange est formé de 20 litres de vin à 0 franc 40 centimes le litre, de 28 litres à 0 franc 50 centimes le litre, de 30 litres à 0 franc 60 centimes le litre, de 20 litres à 0 franc 90 centimes le litre : on demande quel est le prix de ce mélange? R. 0 franc 58 centimes.

231. Un boulanger a acheté 30 sacs de farine à 19 francs 80 centimes le sac; 24 à 20 francs 60 centimes; 40 à 22 francs 80 centimes; 28 à 24 fr. 50 centimes; 13 à 26 francs 90 centimes;

il en fait un mélange et veut gagner 298 francs 40 centimes sur la totalité : on demande combien il doit vendre le sac du mélange? R. 24 francs 70 centimes.

232. Il reste dans la cave d'un propriétaire 4 pièces de vin; la première, qui contient 420 litres est estimée 117 francs 30 centimes, la seconde, qui contient 560 litres, est estimée 287 francs 60 centimes, la troisième, qui contient 200 litres, est estimée 75 francs 40 centimes, et la quatrième, qui contient 650 litres; est estimée 160 francs 20 centimes, si l'on en faisait un mélange, à combien reviendrait le litre du mélange? R. 0 franc 35 centimes.

233. Un marchand a acheté 490 mètres de velours à 6 francs 80 centimes le mètre; il en a vendu 250 mètres à 7 francs 20 centimes, 120 mètres à 7 francs 80 centimes, 90 mètres à 7 francs 50 centimes, et le reste à 6 fr. 35 centimes : on demande son bénéfice total et par mètre? R. Bénéfice total : 269 francs 50 centimes; par mètre : 0 franc 55 centimes.

Deuxième cas de la Règle de Mélange.

318. D. *A quoi sert la deuxième* espèce *de la règle de mélange.*

R. Elle sert à faire connaître la quantité de marchandises qu'on doit faire entrer dans le mélange pour qu'il y ait compensation entre leurs valeurs respectives, les unes étant supérieures et les autres inférieures à la valeur qu'on veut affecter au mélange, en observant qu'il y a perte sur les substances dont la valeur surpasse celle du mélange, et profit sur celle dont la valeur est inférieure. D'où il résulte qu'il faut toujours égaliser le profit à la perte.

319. D. *Comment résout-on une règle de mélange du deuxième* cas?

R. On écrit les unes sous les autres les valeurs des substances à mélanger, ainsi que la valeur du mélange, en séparant cette dernière pour la distinguer des autres; on écrit ensuite devant chaque valeur leur différence à la valeur moyenne; la somme des différences des valeurs inférieures à la valeur moyenne exprimera la quantité qu'il faudra prendre de chaque substance des valeurs supérieures et réciproquement, et le total des deux sommes représentera les unités du mélange.

Des exemples vont faire connaître cette méthode.

Exemple : *Un commerçant a du blé à 15 francs et à 20 francs l'hectolitre ; il veut en faire un mélange qu'il puisse vendre 17 francs l'hectolitre : combien doit-il en prendre de chaque qualité?*

OPÉRATION.

17 { 20. . 2
   { 15. . 3

Somme . . 5

Je cherche d'abord la différence de 17 à 20, et je trouve 3 que j'écris vis-à-vis 15; je cherche ensuite celle de 15 à 17, et je trouve 2 que j'écris vis-à-vis 20 ; faisant la somme de ces deux différences, j'obtiens 5, qui indique le nombre des unités qui doivent entrer dans le mélange. Ainsi, il faut 2 hectolitres à 20 francs et 3 à 15 francs pour avoir un mélange à 17 francs ; ou, si l'on veut, le mélange doit se composer de $\frac{2}{5}$ de la première qualité, et de $\frac{3}{5}$ de la seconde ; car le mélange se compose toujours d'autant de parties que l'indique la somme des différences, et ici le mélange est exprimé par 5 parties : donc il faut prendre $\frac{2}{5}$ de la première qualité, et $\frac{3}{5}$ de la seconde.

2e Exemple : *Dans quelle proportion doit-on mêler des vins à 9 francs et à 16 francs l'hectolitre, pour que le mélange revienne à 12 francs?*

Je dispose encore les deux prix de la manière suivante en les séparant de la différence.

OPÉRATION.

12 { 16. . 3
   { 9. . 4

Somme. . . 7

Comme précédemment, je cherche d'abord la différence de 16 à 12, et je trouve 4 que j'écris vis-à-vis 9 ; je cherche ensuite celle de 9 à 12, je trouve 3 que je pose vis-à-vis 16; faisant la somme de ces deux différences, j'obtiens 7, qui indique le nombre des unités qui doivent entrer dans le mélange. Ainsi il faut 3 hectolitres à 16 francs et 4 à 9 francs pour avoir un mélange à 12 francs ; ou si l'on veut, le mélange doit se composer de $\frac{3}{7}$ de la première qualité, et de $\frac{4}{7}$ de la seconde.

320. D. *Comment se fait la* preuve *de ces sortes d'opérations?*

R. En multipliant les substances mélangées par le prix

qu'on veut en retirer; si le produit égale le produit total de chaque espèce de substances par son prix particulier, l'opération est exacte.

Soit le mélange 7 hectolitres de vin: Je dis que les 7 hectolitres à 12 francs = 84 francs, comme 3 hectolitres à 16 francs et 4 hectolitres à 9 francs = 84 francs; donc l'opération est exacte.

3e Exemple : *Si l'on voulait, avec le prix supérieur, faire un mélange que l'on pût vendre 14 francs l'hectolitre, combien faudrait-il prendre de chaque qualité?*

En suivant la même marche que ci-dessus, je dis que :

OPÉRATION.

14	16.	. 5
	9.	. 2
Somme	. .	7

La différence de 16 à 14 est 2 que je place vis-à-vis 9; que la différence de 9 à 14 est 5, que j'écris vis-à-vis 16; que le total de ces différences est également 7 : qu'ainsi il faudra pour compenser ce mélange 5 hectolitres à 16 francs et 2 hectolitres à 9 francs pour avoir du vin à 14 francs l'hectolitre.

En effet, 7 hectolitres à 14 francs produisent 98 francs, comme 5 hectolitres à 16 francs et 2 hectolitres à 9 francs produisent également 98 francs : donc le mélange est formé exactement.

4e Exemple : *Un aubergiste a du vin à 9 francs, à 13 francs, à 16 francs, à 18 francs l'hectolitre, et veut en faire un mélange qu'il puisse vendre 15 francs l'hectolitre : combien doit-il prendre de chaque espèce?*

Comme j'ai autant de prix inférieurs que de supérieurs, je prends la différence d'un prix inférieur et d'un prix supérieur avec le prix moyen, différence que je transporte de l'un à l'autre; j'opère de même sur les deux autres prix, en sorte que j'ai l'opération suivante :

OPÉRATION.

9	9.	. 3
	13.	. 1
	16.	. 2
	18.	. 6
Somme	. .	12

Je trouve donc que le mélange doit être composé de 12 parties dont 3 à 9 francs, 1 à 13 francs, 2 à 16 francs, et 6 à 18 francs.

En effet, 12 hectolitres à 15 francs, produiront 180 francs, comme 3 hectolitres à 9 francs 1 à 13 francs, 2 à 16 francs, et 6 à 18 francs, produiront 180 francs. Je conclus donc que le mélange est exactement composé.

5e Exemple : *On demande combien il faut ajouter d'eau à 100 hectolitres de vin à 16 francs l'hectol tre, pour que le mélange revienne à 10 francs l'hectolitre?* On suppose que l'eau ne coûte rien.

Le prix 10 francs l'hectolitre de mélange demandé, multiplié par le nombre d'hectolitres de ce mélange, devant être égal au prix total, 100 fois 16 francs ou 1.600 francs, j'obtiendrai ce nombre d'hectolitres en divisant 1.600 francs par 10, ce qui donne 160. Le nombre d'hectolitres d'eau est donc 160 = 100 ou 60.

En effet, 160 hectolitres de mélange à 10 francs l'hectolitre produisent 1.600 francs, comme 100 hectolitres à 16 francs produisent également 1.600 francs.

6e Exemple : *On propose de former un mélange de 204 hectolitres, en mêlant des vins à 8 francs, à 16 francs, à 18 francs, et à 23 francs l'hectolitre, de manière que le mélange revienne à 17 francs l'hectolitre?*

OPÉRATION.

17	8.	6
	16.	1
	18.	1
	23.	9
Somme . . .		17

Je trouve que le mélange doit être composé de 17 parties dont 6 à 8 francs, 1 à 16 francs, 1 à 18 francs, et 9 à 23 francs pour avoir du vin à 17 francs l'hectolitre.

En effet, 17 hectolitres à 17 francs l'hectolitre produisent 289 francs, comme 6 hectolitres à 8 francs, 1 à 16 francs, 1 à 18 francs et 9 à 23 francs, produisent 289 fr. Mais comme le mélange doit être formé de 204 hectolitres à 17 francs l'hectolitre, il me reste à prendre les $\frac{6}{17}$, le $\frac{1}{17}$, le $\frac{1}{17}$ et les $\frac{9}{17}$ de 204 hectolitres : or ces fractions donneront :

Pour la première espèce $\frac{6}{17}$ de 204 hectolitres = 72 hectolitres à 8 francs.

Pour la seconde espèce $\frac{1}{17}$ de 204 hectolitres = 12 hectolitres à 16 francs.

Pour la troisième espèce $\frac{1}{17}$ de 204 hectolitres = 12 hectolitres à 18 francs.

Pour la quatrième espèce $\frac{9}{17}$ de 204 hectolitres = 108 hectolitres à 23 francs.

D'où il résulte que 204 hectolitres à 17 francs, produisent 3.468 francs, comme 72 hectolitres à 8 francs, 12 hectolitres à 16 francs, 12 hectolitres à 18 francs, et 108 hectolitres à 23 francs, produisent 3.468 francs.

Le mélange demandé doit donc être composé de 72 hectolitres à 8 francs, de 12 à 16 francs, de 12 à 18 francs, et de 108 à 23 francs.

321. D. *Comme avant de former un mélange, on peut arrêter la quantité qu'on veut y introduire de l'une des parties des substances à mélanger, quelle est, dans ce cas, la méthode à suivre ?*

R. On mélange la substance déterminée qui est d'un prix inférieur au prix moyen, avec celle du prix supérieur dont la différence est la plus rapprochée du prix inférieur; on forme ce mélange de manière à y comprendre la quantité des mesures réservées; on retranche le total du nombre qu'on veut avoir d'unités; on opère sur le reste avec le prix dont la quantité à prendre n'a pas été déterminée, comme on l'a fait précédemment. L'exemple suivant fera connaître cette méthode.

Exemple : *Un cultivateur a 60 mesures de blé qu'il veut vendre 14 francs la mesure; combien doit-il y ajouter de mesures de 12 francs, de 9 francs, de 7 francs et de 6 francs, pour en faire un mélange de 300 mesures à 11 francs?*

Pour résoudre cette question, je cherche la différence du prix inférieur au prix moyen avec celle du prix supérieur, et j'ai cette première opération de laquelle il résulte que :

1re *OPÉRATION.*

$$11 \begin{cases} 6 \;.\;.\; 5 \\ 14 \;.\;.\; 3 \end{cases} \qquad 60 \times \tfrac{5}{3} = 100 \;+\; 60$$

Somme . . 8 Somme. . . . 160 à retrancher de 300 = 140.

Sur 8 mesures, il en ajoutera 3 à 6 francs et 5 à 14 francs, c'est-à-dire, qu'avec 3 mesures à 6 francs, il en ajoutera 5 à 14 francs, qu'avec une mesure à 6 francs, il en ajoutera donc $\frac{5}{3}$, et qu'avec 60 mesures, il en ajoutera $60 \times \frac{5}{3} = 100$.

Cela posé, je déduis cette seconde opération de laquelle il résulte que :

2e OPÉRATION.

11	7. . .	4
	9. . .	2
	12. . .	1
	14. . .	3
Somme . . .		10

Pour avoir le nombre de mesures à 12 francs et à 14 francs, en ajoutant aux mesures de ce dernier prix celles qu'il est résulté de la première opération, c'est-à-dire 100, je dois prendre les $\frac{3}{10}$ de la différence entre 160 et 300, ou de 140, et que, pour avoir le nombre de mesures à 9 francs et à 7 francs, je dois prendre les $\frac{2}{10}$ de cette même différence 140; ce qui me conduit aux résultats suivants desquels il résulte que ce cultivateur, pour former son mélange de 300 mesures à 11 francs, devra ajouter aux 60 mesures à 6 francs, savoir :

1° Les $\frac{3}{10}$ de 140	=	42 mesures à 12 fr., ou	504 fr.
2° Les $\frac{3}{10}$ de 140 + 100	=	142 mesures à 14 fr., ou	1.988 fr.
3° Les $\frac{2}{10}$ de 140	=	28 mesures à 9 fr., ou	252 fr.
4° Les $\frac{2}{10}$ de 140	=	28 mesures à 7 fr., ou	196 fr.
5° Plus		60 mesures à 6 fr., ou	360 fr.
	Mesures. . .	300	Somme. . 3.300 fr.

Le mélange demandé doit donc être composé de 60 mesures à 6 francs, de 28 à 7 fr., de 28 à 9 fr., de 42 à 12 francs, et de 142 à 14 francs, ou de 300 mesures à 11 francs pour compenser le mélange.

QUESTIONS RELATIVES A LA RÈGLE DE MÉLANGE DU DEUXIÈME CAS.

234. Un épicier a du sucre à 1 franc 60 centimes et à 1 franc 95 centimes le kilogramme, il veut, avec ces deux qualités, faire un mélange qu'il puisse vendre 1 fr. 75 centimes le kilogramme : combien doit-il prendre de chaque qualité ? R. 3 kilogrammes à 1 franc 95 centimes et 4 à 1 fr. 60 centimes.

235. Un aubergiste a du vin à 0 franc 50 centimes, à 0 franc 75 centimes, à 1 franc 05 centimes et à 1 franc 25 centimes le litre ; il veut, avec ces quatre qualités, faire un mélange qu'il puisse vendre 0 franc 95 centimes le litre : combien doit-il en prendre de chaque qualité pour former le mélange ? R. 6 litres à 0 franc 50 centimes, 2 à 0 franc 75 centimes, 4 à 1 franc 05 centimes, et 9 à 1 franc 25 centimes.

236. On demande combien il faut ajouter d'eau à 160 litres de vin à 0 franc 90 centimes le litre, pour que le mélange revienne à 0 franc 75 centimes ? On suppose que l'eau ne coûte rien. R. 32 litres.

237. Un fermier a 50 hectolitres de blé estimé à 15 francs l'hectolitre ; combien devra-t-il y ajouter d'hectolitres de 11 francs, de 8 francs et de 6 francs pour en faire 600 hectolitres à 10 francs ? R. 85 hectolitres à 6 francs, 125 à 8 francs, 340 à 11 francs, et 50 à 15 francs.

238. Un propriétaire a 180 hectolitres de blé à 18 francs, et 220 à 14 francs ; combien doit-il en mettre de chaque qualité pour compenser un mélange de 260 hectolitres de 16 francs ? R. 130 hectolitres à 18 francs et 130 à 14 francs.

239. On a mêlé ensemble 4 hectolitres de vin à 31 francs l'hectolitre, 6 hectolitres à 36 francs, 9 hectolitres à 40 francs, et 12 hectolitres à 45 francs : combien doit-on vendre le litre du mélange pour ne rien perdre ? R. 0 franc 40 centimes.

240. Un négociant a acheté deux pièces de vin qui coûtent ensemble 380 francs, la première coûte 60 francs de plus que la seconde ; elles contiennent chacune 400 litres ; il trouve à en vendre 450 litres à raison de 0 franc 45 centimes le litre : combien doit-il en prendre de chaque qualité ? R. 300 litres à 0 franc 40 centimes, et 150 litres à 0 franc 55 centimes.

241. Un commerçant de blé en a à 9 francs, à 11 francs, à 16 francs, à 18 francs et à 20 francs l'hectolitre ; il veut en former un mélange de 480 hectolitres, mais de manière qu'en le vendant 14 francs, il ne perde ni ne gagne : combien doit-il en mettre de chaque qualité ? R. 240 hectolitres à 9 francs et à 11 francs, et 240 hectolitres à 16 francs, à 18 francs et à 20 francs, ou 120 hectolitres à 9 francs, 120 à 11 francs, 80 à 16 francs, 80 à 18 francs et 80 à 20 francs.

242. Un négociant veut faire un mélange de 480 hectolitres avec quatre sortes de vin ; le premier se vend 13 francs, le second 15 francs, le troisième 17 francs, et le quatrième 19 francs l'hectolitre : combien doit-il en mettre de chaque espèce, s'il veut vendre 14 francs l'hectolitre du mélange ? R. 360 hectolitres à 13 francs, 40 à 15 francs, à 17 francs et à 19 francs.

243. Un débitant a 600 litres de vin à 0 franc 50 centimes le litre : combien doit-il en mettre de 0 franc 70 centimes pour en former un mélange qu'il puisse vendre 0 franc 60 centimes le litre ? R. 300 litres.

244. Quelqu'un a fait un mélange de 100 litres de vin qui lui revient à 0 franc 70 centimes le litre ; il y a mis 50 litres à 0 franc 80 centimes : on demande quel était le prix des autres litres ? R. 0 franc 60 centimes.

245. Un boulanger a de la farine à 0 franc 50 centimes, à 0 franc 40 centimes, à 0 franc 55 centimes, et à 0 franc 65 centimes le klogramme : combien doit-il prendre de chaque qualité pour faire un mélange qu'il puisse vendre 0 franc 45 centimes le kilogramme ? R. 3 kilogrammes à 0 franc 50 centimes, 1 à 0 franc 40 centimes, 2 à 0 franc 55 centimes et 4 à 0 franc 65 centimes.

LEÇON QUARANTE-CINQUIÈME.

De la Règle d'une fausse Position.

322. D. *Qu'est-ce que la règle d'une* fausse position ?

R. C'est une *opération* par laquelle on assure la marche du raisonnement à l'aide d'un nombre supposé ou d'hypothèses arbitraires qui donnent le moyen de détruire les erreurs.

Exemple : *Un négociant a des pièces de 20 francs et de 40 francs ; il veut payer 2.400 francs avec 100 de ces pièces : Combien lui faudra-t-il de pièces de 20 francs et de 40 francs pour effectuer son paiement ?*

Il est évident que, si les 100 pièces étaient de 20 francs, elles vaudraient 2.000 francs au lieu de 2.400 francs ; je dois donc augmenter de 400 francs la valeur de ces 100 pièces sans en changer le nombre. Mais chaque pièce de 40 francs substituée à une pièce de 20 francs, augmente de 20 francs la valeur des 100 pièces ; par conséquent, pour augmenter cette valeur de 400 francs, je dois subtituer 20 pièces de 40 francs à 20 des 100 de 20 francs ; je composerai donc les 2.400 francs avec 80 pièces de 20 francs et 20 de 40 francs.

En effet, $80 \times 20 = 1.600$; $20 \times 40 = 800$. Or, $1.600 + 800 = 2.400$, et $80 + 20 = 100$.

2e Exemple : *Un coquetier a vendu la $\frac{1}{2}$, le $\frac{1}{4}$, le $\frac{1}{5}$ des œufs qu'il avait, de manière qu'il ne lui en reste plus que 60 : on demande le nombre d'œufs qu'il avait à sa disposition.*

Pour résoudre cette question, je réduis les fractions $\frac{1}{2}$, $\frac{1}{4}$, $\frac{1}{5}$ au même dénominateur nos 190 et 191, j'en fais la somme qui est $\frac{19}{20}$; ce coquetier a donc vendu les $\frac{19}{20}$ de ses œufs ; or, pour trouver le nombre d'œufs qu'il avait, je dis que les 60 œufs qui lui restent, représentent $\frac{1}{20}$. Ce $\frac{1}{20}$ et $\frac{19}{20}$ forment $\frac{20}{20}$ ou la totalité de ses œufs.

Puisque $\frac{1}{20}$ représente 60 œufs,

$\frac{19}{20}$ représenteront 19 fois 60 ou 1.140 œufs;

$\frac{20}{20}$ représenteront 20 fois 60 ou 1.200 œufs.

Ce coquetier avait donc 1.200 œufs avant qu'il n'en vendît 1.140.

3e Exemple. *Un instituteur, interrogé sur le nombre d'élèves confiés à ses soins, fit cette réponse : si j'en avais encore $\frac{1}{4}$ plus 20, mes élèves seraient au nombre de 200 : on demande le nombre de ses élèves ?*

Pour résoudre cette question, je soustrais d'abord 20 de 200, et j'ai 180 pour différence ; j'opère ensuite sur ce dernier nombre qui vaut $\frac{4}{4}$ ou la totalité des élèves plus le $\frac{1}{4}$ à soustraire encore.

Or, puisque $\frac{5}{4}$ représentent 180 élèves,

$\frac{1}{4}$ réduit représentera $\frac{180}{5}$ ou 36 élèves;

$\frac{4}{4}$ représenteront donc 4 fois 36, ou $180-36=\frac{144\times4}{4}$, ou 144 élèves. Cet instituteur avait donc 144 élèves.

En effet, 144 plus le $\frac{1}{4}$ de ce nombre, ou 36, plus $20=200$.

4e Exemple : *Un professeur, voulant tourner en ridicule la simplicité d'un berger qu'il rencontre lui adresse cette question : combien avez-vous de chèvres ? Celui-ci lui répond: Monsieur, si j'en avais encore autant, plus la moitié d'autant, plus le quart d'autant, plus 1, j'en aurais* 100. *On demande combien ce berger avait de chèvres ?*

En supposant 1 pour le nombre des chèvres, j'aurai $1+1+\frac{1}{2}+\frac{1}{4}+1=100$.

Réduisant $1+1+\frac{1}{2}+\frac{1}{4}$ au même dénominateur, et formant la somme des numérateurs, j'aurai $\frac{11}{4}+1=100$.

J'aurai donc $\frac{11}{4}=100-1$, ou $\frac{99\times4}{11}=36$. Ainsi ce berger avait 36 chèvres.

En effet, $36+36+\frac{1}{2}$ ou $18+\frac{1}{4}$ ou $9+1=100$.

5e Exemple : *Partager* 6.000 *francs entre 4 particuliers, de manière que le deuxième ait le triple du premier, le troisième le double du second, et le quatrième le cinquième de ce qu'ont les trois autres ensemble : on demande ce qu'il revient à chacun ?*

Il est clair que la part du premier, plus celle du deuxième, plus celle du troisième, plus celle du quatrième, doivent former 6.000 francs.

Ainsi je suppose que la part du premier soit 1, celle du deuxième sera 3, celle du troisième sera 6, et celle du quatrième sera 2.

J'aurai donc $1+3+6+2=12$.

Or, partageant 6.000 francs en parties proportionnelles aux nombres supposés, j'aurai :

Pour le premier.... $\frac{6000\times1}{12}=$ 500.

Pour le deuxième... $\frac{6000\times3}{12}=$ 1.500.

Pour le troisième... $\frac{6000\times6}{12}=$ 3.000,

Pour le quatrième .. $\frac{6000\times2}{12}=$ 1.000.

Total.... 6.000 francs, ce qui prouve l'exactitude de l'opération.

6e Exemple : *quel est le nombre qui, augmenté de son* $\frac{1}{3}$ *et de son* $\frac{1}{6}$ *plus* 40, *fasse* 400 ?

Pour résoudre cette question, je retranche d'abord 40 de 400, car, pour ces sortes de règles le plus doit être retranché et le moins ajouté, et j'ai $400-40=360$; je suppose ensuite un nombre duquel je puisse prendre le $\frac{1}{3}$ et le $\frac{1}{6}$, tel que 6 dont le $\frac{1}{3}$ est 2, et le $\frac{1}{6}$, 1 ; je fais l'addition de ces trois nombres et j'obtiens 9 au total. Ce résultat obtenu, je partage $400-40$ en parties proportionnelles aux nombres 6, 2 et 1, ce qui me conduit à :

Pour le nombre demandé... $\frac{360\times6}{9}=$ 240,

Pour le $\frac{1}{3}$ de ce nombre.... $\frac{360\times2}{9}=$ 80,

Pour le $\frac{1}{6}$............... $\frac{360\times1}{9}=$ 40,

Plus 40, ci.............. 40.

Total... 400. D'où il résulte que 240 est le nombre demandé.

7e Exemple : *Quel est le nombre qui, augmenté de son* $\frac{1}{3}$ *et de son* $\frac{1}{4}$ *moins* 40 *fasse* 400 ?

En ajoutant 40 à 400 et opérant ensuite comme précédemment, je trouverai $293 + \frac{3}{9}$ pour le nombre demandé.

QUESTIONS RELATIVES A LA RÈGLE D'UNE FAUSSE POSITION.

246. Un débiteur a des pièces de 2 francs et de 5 francs; il veut payer 780 francs avec 300 de ces pièces : combien lui faudra-t-il de pièces de 2 francs et de 5 francs pour effectuer son paiement? R. 240 pièces de 2 francs et 60 de 5 francs.

247. Un négociant a vendu le $\frac{1}{4}$, le $\frac{1}{6}$, et le $\frac{1}{12}$ d'une pièce de velours dont il lui reste encore 20 mètres : on demande quelle était la longueur de cette pièce de velours? R. 40 mètres.

248. Trois commis-voyageurs ont fait ensemble une certaine dépense, celle du premier plus 100 francs, égale celle du second; celle du second plus 70 francs égale celle du troisième : on demande quelles sont les dépenses partielles, sachant que la dépense totale est de 4.680 francs? R. La dépense du premier est de 1.470 francs, celle du second de 1.570 francs, et celle du troisième de 1.640 francs.

249. Quel est le nombre qui, augmenté de sa $\frac{1}{2}$ et de son $\frac{1}{4}$ moins 126 fasse 1.204? R. 760.

250 Quel est le nombre qui, augmenté de son $\frac{1}{7}$ et de son $\frac{1}{9}$ plus 79 fasse 553? R. 338.

251. Quel est le nombre qui, ajouté à 200 et à 40 fasse deux nombres dont le second soit le $\frac{1}{3}$ du premier? R. 40.

252. Partager 3.600 francs entre 4 particuliers, de manière que le second ait le $\frac{1}{4}$ du premier plus 80 francs, le troisième le triple du second moins 40 francs, et le quatrième autant que le premier moins 100 francs : on demande ce qu'il revient à chacun? R. Au premier, 1.220 francs, au deuxième, 385 francs, au troisième 875 francs, et au quatrième 1.120 francs.

253. Trois religieux assemblés pour favoriser l'établissement d'un orphelin forment une bourse commune de 4.800 francs; le premier donne ce qu'il peut, le second donne le quadruple du premier moins 200 francs, et le troisième donne autant que les deux autres moins 600 francs : on demande le présent de chacun? R. Premier 580 francs, deuxième, 2.120 francs, et troisième, 2.100 francs.

LEÇON QUARANTE-SIXIÈME.

De la règle de double fausse Position.

323. D. *Qu'est-ce que la règle de double* fausse position?

R. C'est une *opération* qui a pour but de déterminer un nombre que l'on cherche au moyen de deux fausses hypothèses.

324. D. *Quelle est la marche à suivre pour résoudre les questions dont la solution exige deux fausses suppositions?*

R. On suppose un nombre sur lequel on suit toutes les conditions du problème; si ce nombre ne jouit pas des propriétés énoncées dans la question, il produira une certaine erreur que l'on détruira ou moyen d'une seconde hypothèse. Les exemples suivants vont démontrer la marche à suivre à cet égard.

Exemple : *Un joueur arrivant sur une foire, propose aux autres joueurs de deviner ce qu'il a dans sa bourse, et se contente de leur dire que l'excès du quadruple de ses écus sur 40, est égal à l'excès du double du nombre de ces mêmes écus sur 10 : combien en avait-il?*

J'établis les deux hypothèses suivantes desquelles il résulte :

1re Hypothèse. . . . . 24 écus.

L'excès de 4 fois 24 sur 40 est. 56
L'excès de 2 fois 24 sur 10 est. 38
L'erreur correspondante est donc. 18

2e Hypothèse. . . . . 23 écus.

L'excès de 4 fois 23 sur 40 est. 52
L'excès de 2 fois 23 sur 10 est. 36
L'erreur correspondante est donc. 16

Pour diminuer l'erreur 18 de 2, il faut diminuer d'un le nombre 24 des écus, pour diminuer l'erreur 18 de 18, il faut diminuer de 9 le nombre 24 des écus.

Que le joueur avait 15 écus.

En effet, l'excès du quadruple de 15 sur 40 est 20, et l'excès dú double de 15 sur 10 est également 20, comme l'exige la question.

2e Exemple : *Une bonne mère voulant distribuer des biscuits à ses enfants, leur dit : si j'en donne 12 à chacun de vous, il m'en restera 9, et si j'en donne 15, il m'en manquera 18 : on demande le nombre des enfants et celui des biscuits ?*

1er nombre supposé. .	7	2e nombre supposé. .	25
$7 \times 12 = 84 + 9 =$	93	$25 \times 12 = 300 + 9 =$	309
$7 \times 15 = 105 - 18 =$	87	$25 \times 15 = 375 - 18 =$	357
Différence	+ 7	Différence	— 48
1er nombre supposé	7	1re différence	+ 6
2e nombre supposé	25	2e différence	— 48
Difce des nomb. supposés	18	Différence	54

Solution. 54 unités d'erreur proviennent d'une différence de 18 unités d'erreur entre le premier et le deuxième nombre supposé; 1 unité d'erreur proviendra de 54 fois moins $= \frac{18}{54}$, et 6 unités proviendront de 6 unités en plus $= \frac{18 \times 6}{54}$, ou 2 unités.

Le nombre 2 exprime ce qu'il faut ajouter au premier nombre supposé 7 pour avoir le nombre véritable; ce nombre est donc $7 + 2 = 9$.

En effet, $9 \times 12 = 108 + 9 = 117$
$9 \times 15 = 135 - 18 = 117$, comme l'exige la question.

325. D. *N'y a-t-il pas un moyen de résoudre plus facilement ces sortes de règles?*

R. Pour résoudre plus facilement ces sortes de règles, il suffit d'ajouter ce qui reste d'une part avec ce qui manque de l'autre, et de diviser le résultat par la différence de ce que prennent les partageants.

Ainsi, pour l'exemple précédent, je dis que, dans le premier partage, il reste 9 biscuits, et que, dans le second il en manque 18; ajoutant 9 à 18, j'ai 27 que je divise par 3, qui est la différence de 12 à 15, et le quotient 9 indique également le nombre des enfants.

QUESTIONS RELATIVES A LA RÈGLE DE DOUBLE FAUSSE POSITION.

254. Une personne charitable voulant distribuer une certaine somme d'argent aux pauvres de sa commune, leur dit : si je donne 16 francs à chacun de vous, il me restera 48 francs, et si je donne 28 francs à chacun, il me manquera 60 francs : on demande le nombre des pauvres et la somme à partager ? R. 9 pauvres; somme à partager 192 francs.

255. Un instituteur veut distribuer à quelques-uns de ses élèves un certain nombre d'amandes, à condition qu'ils trouveront eux-mêmes combien il veut en récompenser ainsi, et quel est le nombre des amandes qu'il leur destine. Il leur dit que s'il leur en donne à chacun 9, il lui en restera 16, et que s'il veut en donner à chacun 7, il lui en restera 36 : on demande le nombre d'élèves et celui des amandes. R. 10 élèves et 106 amandes.

256. Un capitaine voulant donner une gratification à quelques-uns de ses soldats qui s'étaient distingués dans une bataille, leur distribue un certain nombre de pièces de 2 francs ; mais il arrive que, lorsqu'il en donne 6 à chaque soldat, il en reste 35, et lorsqu'il en donne 9, il en manque 40 : on demande le nombre de soldats et celui des pièces à distribuer ? R. 25 soldats, et 185 pièces.

257. Un jardinier dit avoir vendu la $\frac{1}{2}$ de ses melons, plus 3 melons, et que ce qui lui reste égale les $\frac{2}{5}$ de tous ses melons plus 7 : combien en avait-il ? R. 40.

258. Pierre était plus âgé qu'André de 3 ans, Philippe avait 6 ans de moins que la somme des deux âges de Pierre et d'André, et leurs trois âges faisaient 108 ans : quel était l'âge de chacun ? R. André avait 27 ans ; Pierre, 30 ans ; et Philippe, 51 ans.

259. Un coquetier dit avoir vendu la moitié d'une corbeille d'œufs, plus 8 œufs, et que ce qu'il lui reste égale les $\frac{2}{7}$ de la corbeille plus 7 œufs : on demande combien la corbeille contenait d'œufs? R. 70.

260. Une mère, interrogée sur l'âge de sa fille, fit cette réponse : si, du double de l'âge qu'elle a maintenant, vous retranchez le triple de celui qu'elle avait il y a 6 ans, vous aurez son âge actuel ? R. 9 ans.

261. Les personnes aisées d'une commune, à l'exemple de leur vénérable pasteur, veulent bien faire une certaine somme aux pauvres qui les entourent et se disent : si chacun de nous donne 4 francs, il manquera 40 francs à la somme que nous voulons leur faire, et si chacun de nous donne 6 francs, il aura 60 francs de plus : dites le nombre de personnes aisées et quelle somme elles destinent aux pauvres? R. 50 personnes, 240 francs.

262. Bonsoir, les 48 jeunes gens, dit un aveugle à certains élèves d'un pensionnat. Un d'entr'eux répondit : nous ne sommes pas 48 ; mais si nous étions cinq fois autant, nous serions autant au-dessus de 48 que nous sommes au-dessous : on demande le nombre d'élèves? R. 16.

LEÇON QUARANTE-SEPTIÈME.

Des Rentes sur l'État.

326. D. *Qu'appelle-t-on* rentes *sur l'état?*

R. On appelle *rentes* sur l'état, un intérêt que le Gouvernement paie pour un capital non remboursable qu'il doit, soit aux particuliers, soit à divers établissements publics, et qui provient d'emprunts faits à différentes époques. Ces rentes se paient par sémestre, le 22 mars et le 22 septembre de chaque année.

Dans la rente 4 francs 50 centimes pour 100, l'intérêt a été primitivement fixé à 4 francs 50 centimes pour 100, c'est-à-dire que l'acquéreur a donné 100 francs pour avoir 4 francs 50 centimes de rente annuelle.

Tout acquéreur de rentes peut, par l'entremise d'un agent de change, les vendre à son tour à un autre et celui-ci à un troisième, de sorte que le prix de 4 francs 50 centimes de rente ne reste jamais stationnaire, et qu'il varie suivant la confiance publique et le nombre de acheteurs.

Ainsi il peut être de 101, 104, 107 francs 60 centimes, 110 francs, etc., ou même descendre au-dessous de 100, à 99, 96 francs 50 centimes, etc.

Le prix moyen de ces rentes et achats de rentes, se cote tous les jours à la bourse et se nomme *cours* de la *rente*.

Lorsque ce cours revient à 100 francs, la rente est dite au *pair*.

Quand le cours augmente, on dit que les fonds publics haussent ; quand il diminue, on dit que les fonds baissent.

On en dirait autant des rentes 3 pour 100, 4 pour 100.

De ce qui précède il faut donc conclure

1° Que, lorsque le cours est au *pair*, c'est-à-dire à 100 francs, cela signifie qu'il faut payer 100 francs pour acheter 4 francs 50 centimes de rente ;

2° Que, lorsque le cours est à 110 francs, cela veut dire que pour 110 francs on achète 4 francs 50 centimes de rente ;

3° Qu'enfin, lorsque le cours de la rente 3 pour 100 est à 66 francs, cela signifie que pour 66 francs, on achète 3 francs de rente.

Les rentes sur l'état offrent le moyen de placer des capitaux d'une manière fixe pour en retirer les intérêts, ou bien de spéculer, soit en achetant des rentes pour les revendre à un taux plus haut, soit en vendant pour acheter à un taux plus bas, et réaliser ainsi des bénéfices.

Les exemples suivants vont démontrer la marche à suivre pour résoudre toutes les questions qui se rattachent aux *rentes* sur l'état.

1er Exemple : *Le cours étant au pair, combien 30.000 francs font-ils de rente 4 francs 50 centimes pour 100?*

Par un raisonnement bien simple, je dirai :

Puisque 100 francs donnent 4 francs 50 centimes de rente,

1 franc donnera $\frac{4^f,50}{100}$,

30.000 francs donneront 100 fois $\frac{4^f,50}{100}$, ou $\frac{4,50 \times 30000}{100} =$ 1.350 francs.

La rente demandée est donc 1.350 francs.

2e Exemple : *Le cours étant à 108 francs, combien 24.000 francs font-ils de rente 4 francs 50 centimes pour 100?*

Puisque 108 francs donnent 4 francs 50 centimes de rente,

1 franc donnera $\frac{4^f,50}{108}$,

24.000 francs donneront 108 fois 4 francs 50 centimes, ou $\frac{4,50 \times 24000}{108} = 1.000$ francs.

Les 24.000 francs produiront donc 1.000 francs de rente.

3e Exemple : *Lorsque 4 francs 50 centimes de rente se*

paient 99 francs, combien se paieront 400 francs de rente?

Puisque 4 francs 50 centimes se paient 99 francs,

1 franc se paiera $\frac{99}{4,50}$,

400 francs se paieront donc $\frac{99 \times 400}{4,50}$, ou $\frac{3960000}{450} = 8.800$ fr.

Les 8.800 francs sont donc le prix d'achat.

4e Exemple : *Le cours étant au pair, quelle somme faudra-t-il pour acheter 2.700 francs de rente 4 francs 50 centimes pour 100?*

Puisque, pour 4 francs 50 centimes, on a 100 francs d'achat,

Pour 1 franc, on aura $\frac{100}{4,50}$,

Pour 2.700 francs, on aura donc $\frac{100 \times 2700}{4,50}$, ou $\frac{27000000}{450} =$ 60,000 francs.

Pour acheter 2.700 francs de rente, il faudra donc 60.000 fr.

5e Exemple : *Lorsque le cours de la rente 3 pour 100 est à 66, combien 26.400 francs donnent-il de rente?*

Je dirai : puisque 66 francs donnent 3 francs de rente,

1 franc donnera $\frac{3}{66}$,

26.400 francs donneront 66 fois 3 francs, ou $\frac{3 \times 26400}{66}$, ou $\frac{79200}{66} = 1.200$ francs.

Les 26.400 francs donneront donc 1.200 francs de rente.

6e Exemple : *Lorsque le cours de la rente 3 pour 100 est à 66 francs, quelle somme faut-il pour acheter 1.200 francs de rente?*

En raisonnant comme précédemment, je dirai :

Puisque, pour 3 francs, on achète 66 francs,

Pour 1 franc, on achètera $\frac{66}{3}$,

Pour 1.200 francs on achètera donc $\frac{66 \times 1200}{3}$, ou $\frac{79200}{3} = 26.400$ francs.

Pour avoir 1.200 francs de rente, il faudra donc 26.400 francs.

7e Exemple : *On a payé* 26.400 *francs pour* 1.200 *francs de rente* 3 *pour* 100; *quel était alors le cours de la rente?*

Je dirai : Puisqu'on paie 26.400 francs pour avoir 1.200 fr.

Pour avoir 1 franc, on paiera 1.200 fois moins, ou $\frac{26400}{1200}$,

Pour avoir 3 francs, on paiera 3 fois plus, ou $\frac{26400\times3}{1200} = \frac{79200}{1200} = 66$ francs.

Le cours de la rente était donc 66 francs.

8e Exemple : *Lorsque le cours est à 112 francs, quelle somme faut-il pour avoir 405 francs de rente 4 francs 50 centimes ?*

Je dirai, pour 4 francs 50 centimes on a 112 francs,

Pour 1 franc, on aura 112 fois 4 francs 50 centimes, ou $\frac{112}{4,50}$,

Pour 405, on aura 405 fois $\frac{112}{4,50}$, ou $\frac{112\times405}{4,50} = 10,080$ fr.

Pour avoir 405 francs de rente, il faudra donc 10.080 francs.

9e Exemple : *Lorsque le cours est à 80 pour 100, à quel taux réel place-t-on son argent, en achetant de la rente 4 francs 50 pour 100?*

Ici il faut considérer le taux de la rente comme étant l'intérêt que produirait une somme égale au cours de la rente. Je dirai donc :

Puisque pour 80 francs, on a 4 francs 50 centimes de rente,

Pour 1 franc, on aura 80 fois moins ou $\frac{4^f50}{80}$,

Pour 100 fr., on aura 80 fois plus, ou $\frac{4^f50\times100}{80} = 5$ francs 625 millièmes.

Le taux demandé est donc 5 francs 625 millièmes.

10e Exemple : *A quel taux réel place-t-on son argent, quand on achète de la rente 4 francs 40 centimes pour 100 au cours de 110 francs?*

En suivant la même marche que ci-dessus, je dirai :

Puisque, pour 110 francs, on achète 4 francs 40 cent. de rente,

Pour 1 franc on achètera 110 fois moins, ou $\frac{4^f40}{110}$

Pour 100 francs, on achètera 110 fois plus, ou $\frac{4^f,40\times100}{110} =$ 4 francs.

Le taux cherché est donc 4 francs.

11e Exemple : *Un négociant achète aujourd'hui 2.700 francs de rentes 4 francs 50 centimes pour 100 le cours étant au pair, si dans un mois le cours est à 112 francs, quel sera son bénéfice ?*

En raisonnant comme dans les problèmes précédents 4 et 8, j'aurai :

$$\left.\begin{array}{l}\dfrac{100\times2700}{4^{f}50}=60.000\\ \dfrac{112\times2700}{4.50}=67.200\end{array}\right\}\text{ Différence : 7.200 francs.}$$

D'où il résulte que ce négociant a gagné 7.200 francs.

12ᵉ Exemple : *Un banquier qui achète 7.200 francs de rentes 4 francs 50 centimes pour 100 le cours étant à 112, s'engage le même jour à les revendre au bout d'un mois. Ce terme arrivé, le cours est tombé à 99 : quelle est la perte qu'il éprouve ?*

Comme précédemment, j'aurai :

$$\left.\begin{array}{l}\dfrac{112\times7200}{4^{f}50}=179.200\\ \dfrac{99\times7200}{4^{f}50}=158.400\end{array}\right\}\text{ Différence : 20.800 francs.}$$

D'où il résulte que ce banquier a perdu 20.800 francs.

FIN DE LA PREMIÈRE PARTIE.

SECONDE PARTIE.

LEÇON QUARANTE-HUITIÈME.

De la Racine carrée.

327. D. *Qu'appelle-t-on* carré *d'un nombre?*

R. On appelle *carré* d'un nombre le produit de ce nombre multiplié par lui-même. Ainsi les carrés de

	1.	2.	3.	4	5.	6.	7.	8.	9.	10.	11.	12. etc.
Sont	1.	4	9.	16.	25.	36.	49.	64.	81.	100.	121.	144.

D'où il résulte que, pour carrer un nombre, il faut le multiplier par lui-même.

328. D. *De quoi est composé le* carré *d'un nombre?*

Le *carré* d'un nombre est composé : 1° du carré des dizaines; 2° du double des dizaines multiplié par les unités; 3° du carré des unités, et ces trois nombres expriment respectivement des centaines, des dizaines, et des unités.

Ainsi, 236 étant égal à 23 dizaines plus 6 unités, le carré 55696 de 236 est composé : 1° du carré 529 centaines des 23 dizaines; 2° du double des 23 dizaines multiplié par les 6 unités ou de 276 dizaines; 3° et du carré 36 des 6 unités.

Je mets en évidence chacun des produits partiels dont se compose le carré, en effectuant le calcul de la manière suivante :

$$\begin{array}{l} 23 + 6 \\ 23 + 6 \\ \hline \end{array}$$

Et j'ai $23 \times 23 =$ 529 pour le carré des dizaines.

$23 + 23 = 46 \times 6 =$ 276 pour le produit du double des 23 dizaines par les 6 unités.

$6 \times 6 =$ 36 pour le carré des 6 unités.

Total.. 55.696 unités.

Le carré d'un nombre est donc composé du carré des dizaines, du double des dizaines par les unités, et du carré des unités.

329. D. *Qu'appelle-t-on* racine carrée, *d'un nombre?*

R. On appelle *racine carrée* d'un nombre la quantité qui, multipliée par elle-même, reproduit ce même nombre.

Ainsi les nombres : 1. 4. 9. 16. 25. 36. 49. 64. 81. 100. 121. 144. etc., ont pour *racine carrée* : 1. 2. 3. 4. 5. 6. 7. 8. 9. 10. 11. 12.

330. D. *Comment peut-on voir combien il y aura de* chiffres *à la racine carrée d'un nombre?*

R. Si le nombre dont on veut extraire la racine ne renferme qu'un ou deux *chiffres*, il n'en produira qu'un à sa racine carrée; s'il en contient trois ou quatre, il en produira deux; s'il en renferme six, il en produira trois : en général, la racine contiendra autant de *chiffres* que l'on pourra former dans le carré de tranches de deux *chiffres* chacune, excepté la dernière à gauche qui peut n'en contenir qu'un.

Et en effet, si la racine avait deux *chiffres*, elle aurait dizaines et unités, et son carré renfermerait le carré de ces dizaines ; or, le carré de ces dizaines aurait trois *chiffres*, car $10 \times 10 = 100$; donc un nombre qui ne renferme qu'un ou deux *chiffres*, ne peut en produire qu'un à sa racine carrée.

Si la racine avait plus de deux *chiffres*, elle aurait nécessairement des centaines, et son carré renfermerait le carré de ces centaines; or le carré de ces centaines contiendrait des dizaines de mille, car $100 \times 100 = 10.000$, et par conséquent aurait plus de quatre *chiffres* : donc un nombre qui ne renferme que trois ou quatre *chiffres*, ne peut en produire que deux à sa racine.

Le même raisonnement s'appliquerait à des nombres plus élevés.

331. D. *Que faut-il faire pour extraire la racine carrée d'un* nombre *composé de plus de deux* chiffres?

R. On le partage en *tranches* de deux chiffres chacune à partir de la droite, excepté la dernière tranche à gauche qui peut n'avoir qu'un chiffre ; le nombre de tranches indique le nombre des chiffres de la racine du carré proposé; on cherche ensuite la racine carrée du nombre qui se trouve dans la dernière tranche à gauche, et on écrit cette racine à la droite du nombre proposé, en l'en séparant par un trait vertical ; on soustrait de la tranche sur laquelle on opère, le carré du nombre placé à la racine; on écrit le reste sous cette tranche, et on abaisse à la suite de ce reste la tranche suivante, ce qui forme un nombre dans lequel on sépare par un point le dernier chiffre à droite; on forme le double du nombre déjà écrit à la racine, et on en fait un diviseur que l'on place à la droite de l'opération, sous la racine dont on l'en sépare par un trait horizontal; on cherche combien de fois ce nombre ainsi doublé est contenu dans le nombre à gauche du point; on pose le quotient à la racine, à la droite du premier chiffre : on multiplie ce dernier chiffre par lui-même et ensuite par le diviseur, et on ôte à mesure ces produits du nombre qui est à gauche sous le nombre proposé; s'il y a un reste, on écrit ce reste au-dessous et on descend à la droite de ce reste la tranche suivante; puis on continue l'opération comme ci-dessus, jusqu'à ce qu'il n'y ait plus de tranches à abaisser. Les chiffres écrits à la racine expriment alors la racine carrée du nombre proposé.

L'exemple suivant fera voir comment on peut revenir du carré d'un nombre de deux tranches à la racine de ce carré.

Exemple : *Soit à extraire la racine carrée du nombre 4.225.*

Je dispose le calcul de la manière suivante :

Carré. . . .	42. 2 5	65 racine.
	6 2.5	125 × 5 = 625 pour diviseur.
	0	

La racine carrée de 4225 aura deux chiffres, c'est-à-dire, des dizaines et des unités. J'ai donc à chercher les dizaines de cette racine, et pour les trouver, je dis : 4225 renferme les trois parties dont la plus grande est le carré des dizaines; or le carré de ces dizaines ne peut se trouver que dans les centaines, puisque 10 × 10 = 100, c'est-à-dire, qu'il ne peut se trouver que dans les 42 centaines, c'est pourquoi je sépare 42 de 25. Le plus grand carré contenu dans 42 est 36, dont la racine carrée est 6, donc les dizaines de la racine sont 6. En ôtant de 42 le carré de 6, j'ai pour reste 6, c'est-à-dire, 6 centaines ou 600 unités qui, ajoutées aux 25 unités restantes, font 625. Ce reste 625 doit encore renfermer le produit du double des dizaines par les unités et le carré des unités. Ainsi, pour obtenir les unités, je dis : le produit du double des dizaines par les unités, ne peut donner moins que des dizaines, et c'est pourquoi je sépare le dernier chiffre 5 par un point. Dès lors que la partie à gauche du point renferme le produit du double des dizaines par les unités, en divisant cette partie 62 par 12, ce dernier nombre étant le double des dizaines, j'obtiens les unités qui sont 5. Si le chiffre 5 représente réellement les unités, il faut que je puisse retrancher de 625 le produit du double des dizaines par les unités et le carré des unités. Pour m'en assurer, je multiplie les unités par les unités, et j'ôte de 625 le produit 625, ce qui ne donne aucun reste. La racine carrée de 4225 est donc 65, puisque $65 \times 65 =$ le carré 4225.

Soit, pour 2e exemple, *à extraire la racine carrée du nombre 60516, qui renferme trois tranches.*

Je dispose le calcul de la manière suivante :

Carré.	6.0 5. 1 6	246 racine.
1er reste.	2 0.5	$44 \times 4 = 176$ pour 1er diviseur.
2e reste.	2 9 1.6	$48 \times 6 = 2916$ pour 2e et dier divr.
3e reste.	0	

Je dis que la racine de ce nombre aura des dizaines et des unités, et que ce nombre contiendra les trois parties N° 328.

Pour obtenir les dizaines de la racine, je dis : le carré de ces dizaines ne peut être que dans les centaines, et c'est pourquoi je sépare 605 centaines. Pour trouver la racine carrée de ces centaines, je cherche d'abord quel est le plus grand carré contenu dans la première tranche à gauche, c'est 4, dont la racine est 2 que j'écris à droite en le séparant par un trait vertical ; je retranche de 6 le carré de 2, et j'ai pour reste 2 ; à côté de ce reste 2, j'abaisse la tranche suivante 05, ce qui fait 205 ; je sépare par un point le dernier de ces trois chiffres à droite ; je forme le double du nombre écrit à la racine, lequel double est 4 que je place sous la racine ; puis divisant par ce nombre ainsi doublé le nombre 20 qui est dans l'opération à la gauche du point, j'obtiens 4 que j'écris à la racine. Alors je multiplie 24 par 4, et je retranche le produit 176 de 205, ce qui donne pour reste 29 que j'écris au-dessous. J'abaisse à côté de ce reste la dernière tranche 16, et j'ai 2916. Je sépare encore par un point le dernier chiffre à droite ; puis formant le double de 24 posé à la racine, ce qui donne 48, je le place sous la racine, au-dessous du premier diviseur 44 ; je divise par ce nombre ainsi doublé, le nombre 291 qui, dans l'opération, est à la gauche du point ; j'obtiens au quotient 6, que j'écris à la racine ; enfin je multiplie 48 par 6, et je retranche le produit 2916 de 2916, ce qui ne donne aucun reste. Le reste 0 indique que 246 est la racine exacte de 60516.

Soit encore, pour 3e exemple, *à extraire la racine carrée du nombre 46845675 composé de quatre tranches.*

Je dispose l'opération comme à l'ordinaire.

Carré.	46.8 4.5 6.7 5	6844 racine.
1er reste.	10 8.4	128 × 8 = 1024 pour 1er diviseur.
2e reste.	6 0 5.6	1364 × 4 = 5456 pour 2e diviseur.
3e reste	6 0 0 7.5	13684 × 4 = 54736 pour 3e et dern. d.
4e reste	5 3 3 9	

Je partage d'abord le nombre donné en tranches de deux chiffres chacune à partir de la droite. Puis prenant la première tranche à gauche où se trouve 46, je cherche quel est le plus grand carré contenu dans cette tranche, c'est 36, dont la racine est 6 que j'écris à la racine ; je retranche 36 de 46, il reste 10 ; à côté de ce reste 10, je descends la tranche suivante 84, et j'ai 1084, dont je sépare 4 par un point. Pour avoir le diviseur, je forme le double du nombre placé à la racine, lequel double est 12 que je place sous la racine ; puis divisant par ce nombre ainsi doublé le nombre 108 qui est dans l'opération à la gauche du point, je vois qu'il ne peut y aller que 8 que j'écris à la racine à la droite du 6, je mets aussi ce 8 à côté du diviseur 12, et j'ai 128 × 8 = 1024 ; retranchant le produit 1024 de 1084, il reste 60 ; à côté de ce reste, je descends la troisième tranche 56, et j'ai 6056, dont je sépare 6 par un point ; puis doublant le nombre 68 posé à la racine, ce qui me donne 136, je le pose sous la racine, au-dessous du premier diviseur 12 ; je divise par ce nombre ainsi doublé, le nombre 605 qui, posé dans l'opération, est à gauche du point ; je trouve 4 pour quotient que je pose à la racine et à la suite du diviseur 136, et j'ai 1364 × 4 = 5456 ; retranchant le produit 5456 de 6056, il reste 600 ; à côté de ce reste j'abaisse la dernière tranche 75, et j'ai 60075, dont je sépare 5 par un point ; enfin je forme le troisième diviseur en doublant la racine 684, et j'ai 1368 que j'écris sous la racine et au-dessous du second diviseur 136 ; je divise par ce nombre ainsi doublé, le nombre 6007 qui, dans l'opération, est à la gauche du point ; j'obtiens 4 pour quotient que je pose à la racine et à la suite du diviseur 1368, et j'ai 13684 × 4 = 54736 ; ôtant le produit 54736 de 60075, il reste 5339. En sorte que la racine carrée de 46845675 est 6844 avec 5399 de reste, parce que le nombre proposé n'est pas un carré parfait.

332. D. *Comment voit-on que le dernier chiffre pour la racine carrée et trop* faible ?

R. Si, après avoir fait la division, on avait obtenu un reste qui contînt deux fois plus un, tout le nombre posé à la racine, ce serait une preuve que le dernier chiffre qu'on y a écrit est trop *faible*.

Je suppose, par exemple, qu'ayant à extraire la racine carrée de 384, je prenne d'abord 18 pour cette racine, le reste serait 60, qui est plus grand que le double de la racine trouvée 18, augmenté d'une unité, c'est-à-dire, plus grand que 36+1 ; ce reste indiquerait que 18 n'est pas la racine du plus grand carré contenu dans le nombre 384 ; mais en prenant 19 au lieu de 18, je trouve que cette racine 19 convient, parce que le reste 23 est plus petit que le double de la racine trouvée 19, augmenté d'une unité, ou plus petit que 38+1.

En effet, puisque le carré de 19 ou 361 ne surpasse le carré de 18 ou 324 que du double de 18, augmenté d'une unité, c'est-à-dire, de 36+1, il s'en suit que si, après avoir retranché du nombre proposé 384, le carré de 18, j'obtiens un reste plus grand que 36 +1, ou qui lui soit égal, c'est une preuve que ce nombre 384 contient le carré d'un nombre supérieur à 18 ; cette première racine 18, n'est donc pas celle du plus grand carré contenu dans 384.

Cela établi, je dis que la différence entre les carrés de deux nombres immédiatement consécutifs, est toujours égale au double du plus petit nombre augmenté d'une unité.

333. D. *Comment fait-on la* preuve *de cette règle ?*

R. En multipliant la racine trouvée par elle-même et ajoutant le reste au produit. Le total doit représenter le nombre dont on a extrait la racine.

334. D. *Si, du* reste, *on voulait tirer des décimales, que faudrait-il faire ?*

R. Il faudrait ajouter à ce reste autant de fois deux zéros qu'on voudrait avoir de chiffres décimaux à la racine, ensuite on opérerait comme à l'ordinaire, en observant de séparer par une virgule à la droite de la racine autant de chiffres décimaux qu'on aurait ajouté de zéros deux zéros. Cela se déduit de la règle n° 121 pour la multiplication des nombres décimaux.

En effet, si la racine doit avoir un certain nombre de chiffres décimaux, le carré devra en avoir le double (numéro 121) ; car, quand on ajoute deux zéros à la droite d'un nombre, on le multiplie par 100 qui est le carré de 10 ; donc, quand on en a extrait la racine carrée, il faut diviser le résultat par 10 qui est la racine carrée de 100. D'où l'on voit qu'il faut toujours rendre le nombre des chiffres décimaux double de ceux qu'on veut avoir à la racine.

335. D. *Comment trouve-t-on la racine carrée d'une fraction à deux termes?*

R. Pour trouver la racine carrée d'une *fraction* à deux termes, il suffit d'extraire séparément la racine carrée du numérateur et celle du dénominateur ; ainsi la racine carrée de $\frac{16}{49}$ est $\frac{4}{7}$. Mais, comme il est rare que cette racine se trouve exactement, il vaut mieux pour éviter des calculs compliqués, convertir de suite la *fraction* à deux termes, en une fraction décimale, et continuer l'opération comme il est dit au n° 334.

Ce procédé conduit à trouver la racine carrée d'une fraction à deux termes à un dixième, ou à un centième, ou à un millième, etc., près, selon le cas.

336. D. *Comment forme-t-on le carré d'un* nombre décimal?

R. On forme le carré d'un *nombre décimal*, en multipliant ce nombre par lui-même, abstraction faite de la virgule, et en séparant sur la droite de ce carré autant de décimales qu'il y en a dans le nombre proposé, n° 121.

Le carré d'un nombre décimal renferme toujours un nombre pair de décimales, et sa racine s'obtient en suivant les règles des numéros 331 et 334.

QUESTIONS RELATIVES A LA RACINE CARRÉE.

263. Un vieillard, interrogé sur son âge, fit cette réponse : le carré de mes années égale les $\frac{4}{5}$ de 80 siècles : on demande quel âge il avait ? R. 80 ans.

264. Soit proposé de déterminer la racine carrée de 7894, à moins d'un centième près? R. 88,84.

265. On veut rendre carré un terrain qui a 360 mètres de longueur sur 90 de largeur; on demande de combien il faut diminuer la longueur et augmenter la largeur, pour que le terrain ait la même superficie? R. Diminuer la longueur de 180 mètres; augmenter la largeur de 90 mètres.

266. On désire échanger un terrain triangulaire d'une superficie de 360.000 mètres, contre un terrain qu'on veut prendre en carré; on demande quels seront les côtés de ce dernier? R. 600 mètres.

267. On veut échanger un pré en forme de trapèze ayant 360 mètres de longueur sur un côté, 280 mètres sur l'autre, et 20 mètres de hauteur, contre un jardin qu'on veut prendre en carré: on demande quelles seront les dimensions de ce dernier? R. 80 mètres.

268. On demande la racine carrée de la fraction $\frac{81}{144}$? R. $\frac{9}{12}$.

269. Quelle est, en décimales, la racine carrée de $42\frac{1}{4}$? R. 6,5.

270. Soit proposé de trouver la racine carrée du nombre décimal 55,5025? R. 7,45.

LEÇON QUARANTE-NEUVIÈME.

De la Racine cubique.

337. D. *Qu'appelle-t-on* cube *d'un nombre?*

R. On appelle *cube* d'un nombre le produit de ce nombre multiplié deux fois par lui-même. Ainsi les cubes des nombres :

	1.	2.	3.	4.	5.	6.	7.	8.	9.	10.	11.	12.
Sont :	1.	8.	27.	64.	125.	216.	343.	512.	729.	1000.	1331.	1728.

D'où il résulte que, pour cuber un nombre, il faut le multiplier deux fois par lui-même.

338. D. *De quoi est composé le* cube *d'un nombre?*

R. Le *cube* d'un nombre est composé : 1° du cube des dizaines; 2° du produit de trois fois le carré des dizaines par les unités; 3° du produit de trois fois les dizaines par le carré des unités; 4° du cube des unités, et ces quatre parties expriment respectivement des mille, des centaines, des dizaines et des unités.

Ainsi le cube de 64 est composé : 1° du cube 64 mille des 4 dizaines de 64 ; 2° de trois fois le carré 16 centaines des 4 dizaines multiplié par 6 unités ou de 288 centaines ; 3° de trois fois les 4 dizaines multipliées par le carré des 6 unités ou de 432 dizaines ; 4° enfin du cube 216 des 6 unités.

Je mets en évidence chacun des produits partiels dont se compose le cube, en effectuant le calcul de la manière suivante :

$$\begin{array}{r} 4+6 \\ \times\ 4+6 \\ \hline \end{array}$$

Et j'ai	$4\times4\times4=$	64	pour le cube des dizaines.
	$4\times4\times3\times6=$	288	pour le triple carré des dizaines × par les unités.
	$4\times3\times6\times6=$	432	pour le triple des dizaines × par le carré des unités.
	$6\times6\times6=$	216	pour le cube des unités.
	Total...	97336	

La somme de ces quatre parties exprime le cube de 46.

339. D. *Qu'appelle-t-on* racine cubique *d'un nombre?*

R. On appelle *racine cubique* d'un nombre la quantité qui, multipliée deux fois par elle-même, reproduit ce même nombre. Ainsi les nombres :

	1.	8.	27.	64.	125.	216.	343.	512.	729.	1000.	1331.	1728 ont pour
racine cubique	1.	2.	3.	4.	5.	6.	7.	8.	9.	10.	11.	12.

340. D. *Comment peut-on connaître combien il y aura de* chiffres *à la racine cubique d'un nombre?*

R. Si le nombre dont on veut extraire la racine cubique ne renferme qu'un, ou deux, ou trois chiffres, il n'en produira qu'un à sa racine cubique; s'il en contient quatre, ou cinq, ou six, il en produira deux; s'il en contient sept, ou huit, ou neuf, il en produira trois ; en général, la racine contiendra autant de *chiffres* que l'on pourra former dans le cube de tranches de *trois chiffres* chacune, excepté la dernière à gauche qui peut en avoir moins de trois.

Et en effet, si la racine avait deux chiffres, elle aurait dizaines et unités, et son cube renfermerait le cube de ces dizaines; or, le cube de ces dizaines aurait quatre chiffres, car $10 \times 10 \times 10 = 1000$; donc un nombre qui ne renferme qu'un, ou deux, ou trois chiffres, ne peut en produire qu'un à sa racine cubique.

Si la racine avait plus de deux chiffres, elle aurait nécessairement des centaines, et son cube renfermerait le cube de ces centaines; or, le cube de ces centaines se composerait de millions, car $100 \times 100 \times 100 = 1000000$, et par conséquent aurait plus de six chiffres; donc un nombre qui ne renferme que quatre, ou cinq, ou six chiffres, ne peut en produire que deux à sa racine cubique.

Le même raisonnement s'appliquerait à des nombres plus élevés.

341. D. *Que faut-il faire pour extraire la racine cubique d'un nombre composé de plus de trois* chiffres?

R. On le partage en tranches de trois *chiffres* chacune à partir de la droite, excepté la dernière à gauche qui peut en avoir moins de trois; on cherche ensuite la racine cubique du nombre qui se trouve dans la dernière tranche à gauche, et on écrit cette racine à la droite du nombre proposé en l'en séparant par un trait vertical; on ôte de la tranche sur laquelle on opère, le cube du nombre placé à la racine; on écrit le reste sous cette tranche et on descend à la suite de ce reste la tranche suivante, ce qui donne un nombre dans lequel on sépare deux chiffres par un point; puis on forme le triple carré du nombre déjà obtenu à la racine et on en fait un diviseur qu'on écrit à la droite de l'opération, sous la racine dont on le sépare par un trait horizontal; on cherche combien de fois ce triple carré est contenu dans le nombre qui se trouve à la gauche du point; on place le quotient à la racine et à la suite du premier résultat, après quoi on soustrait du nombre que l'on vient de diviser la somme du produit du triple carré des dizaines multiplié par ce dernier chiffre, plus celui du triple des dizaines multiplié par le carré des unités, plus le cube des unités; à côté du reste on abaisse la tranche suivante, on en sépare les deux derniers chiffres par un point, puis on forme le triple carré de tout le nombre placé à la racine et on en fait un autre diviseur que l'on pose au-dessous du premier;

on cherche combien de fois ce dernier diviseur est contenu dans la partie à gauche du point; on écrit le quotient à la racine, puis on continue comme ci-dessus, jusqu'à ce qu'il n'y ait plus de tranches à abaisser. Le nombre qui se trouve à la racine exprime la racine cubique du nombre proposé.

Je dispose le calcul de la manière suivante :

Exemple : *Soit proposé de trouver la racine cubique de 175616.*

Cube.... 175.6 16	56 racine cubique.		
1er reste. 50 6.16	5×5×5	=125	pour le cube des dizaines.
2e reste. 0	5×5×3	= 75	pour le triple carré des dizaines servant de 1er diviseur.
	5×5×3×6	=450	pour le triple carré des dizaines×par les unités.
	5×3×6×6	= 540	pour le triple des dizaines × par le carré des unités.
	6×6×6	= 216	pour le cube des unités.
	Total...	50616	à retrancher.

Et je dis que le nombre est composé de quatre parties dont la plus grande est le cube des dizaines, numéro 538 ; or, le cube des dizaines ne peut se trouver que dans des mille, puisque 10×10×10=1000, c'est-à-dire, qu'il ne peut se trouver que dans les 175 mille, c'est pourquoi je sépare 175 de 616; je cherche donc le plus grand cube de 175 et je trouve 125 dont la racine cubique est 5, je pose 5 à la racine, je cube cette racine, je soustrais le cube de 5 de 175, et il reste 50 mille ou 50000 unités qui, jointes aux 616 unités restantes, font 50616. Ce dernier nombre contient encore trois parties dont la plus grande est le produit de trois fois le carré des dizaines par les unités N° 538 ; ainsi, pour trouver les unités, je dis : la plus grande de ces trois parties, c'est-à-dire le produit de trois fois le carré des dizaines par les unités ne peut se trouver que dans les centaines, et c'est pourquoi je sépare les deux derniers chiffres 16 par un point. Puisque la partie à gauche du point contient le produit de trois fois le carré des dizaines par les unités, si je divise cette partie 506 par 75, qui est trois fois le carré des dizaines de la racine, je trouverai les unités qui sont 6. Pour m'assurer que 6 est les unités de la racine, j'essaie si je puis soustraire de 50616 les trois nombres qui y sont contenus, c'est-à-dire trois fois le carré des dizaines multiplié par les unités, plus trois fois les dizaines multipliées par le carré des unités, plus le cube des unités, et comme il ne reste rien, je conclus que 56 est la racine cubique de 175616.

Soit, pour 2e exemple, *à extraire la racine cubique de 35287552.*

Je dispose le calcul de la manière suivante :

Cube.... 35.287.552	328 racine cubique.
1er reste. 8 2.87	3×3×3 =27 pour le cube des dizaines
2e reste.. 2 5195.52	3×3×3 =27 pour le triple carré des dizaines servant de premier diviseur.
3e reste.. 0	3×3×3×2 = 54 pour triple carré des dizaines × par les unités.
	3×3×2×2 = 36 pour le triple des dizaines × par le carré des unités.
	2×2×2 = 8 pour le cube des tés.
	5768 produit total à retrancher.
	32×32×3 =3072 pour le triple carré des dizaines servant de 2e diviseur
	32×32×3×8=24576 pour le triple carré des dizaines×par les unités.
	32×32×8×8= 6144 pr le triple des dizaines ×par le carré des unités.
	8×8×8= 512 pour le cube des unités.
	2519552 pour dernier produit à retrancher.

Et je dis que la racine de ce nombre aura des dizaines et des unités et qu'il contiendra quatre parties dont la plus grande est le cube des dizaines, numéro 337. Pour trouver les dizaines de la racine, je dis : le cube de ces dizaines ne peut être que dans les mille, c'est pourquoi je sépare 35287.

Cela posé, je cherche la racine cubique de 35, elle est 3 que j'écris à la racine ; je cube 3 et je retranche le produit 27 de 35, il reste 8 que j'écris au-dessous de 35 ; à côté de 8 j'abaisse 287, ce qui me donne 8287 mille. Pour trouver la racine cubique de ces 8287 mille et de la tranche suivante, on opérera comme je l'ai fait précédemment pour un nombre de deux tranches, et on obtiendra 328 pour la racine cubique de 35287552.

342. D. *Comment voit-on que le dernier chiffre posé à la racine cubique est trop* faible?

R. Si, après l'extraction de la racine de la dernière tranche, il restait un nombre qui contînt trois fois le carré de celui qui est à la racine, plus trois fois ce nombre, plus l'unité, ce serait une preuve que le dernier chiffre posé à la racine serait trop *faible*.

Je suppose, par exemple, qu'ayant à extraire la racine cubique de 32800, je prenne 1 pour le chiffre des unités de cette racine, le reste serait 3009, qui est plus grand que trois fois le carré de la racine trouvée 31, plus 3 fois 31 plus 1, c'est-à-dire, plus grand que 2883+93+1, ou 2977 ; ce reste indiquerait que 31 n'est pas la véritable racine du plus grand cube contenu dans le nombre 32800 ; mais en mettant 2 au lieu de 1, je trouve que ce chiffre 2 convient, parce que le reste 32 est plus petit que trois fois le carré de la racine trouvée 32, plus 3 fois 32, plus 1, ou plus petit que 3072+96+1, c'est-à-dire, 3169.

En effet, puisque le cube de 32 ne surpasse, numéro 337, le cube de 31 que de trois fois le carré de 31, plus 3 fois 31, augmenté de l'unité, c'est-à-dire, de 2977, il s'en suit que si, après avoir retranché du nombre proposé 32800, le cube de 32, j'obtiens un reste plus grand que 2977, c'est une preuve que ce nombre 32800 contient le cube d'un nombre supérieur à 31 ; cette première racine 31 n'est donc pas celle du plus grand cube contenu dans 32800.

343. D. *Quel est le moyen d'approcher de la véritable racine cubique par* les décimales?

R. Pour approcher de la véritable racine cubique par

les *décimales*, il faut ajouter à ce qui reste après l'extraction, autant de fois trois zéros qu'on veut avoir de chiffres décimaux à la racine, et opérer ensuite comme à l'ordinaire, ayant soin de séparer par une virgule à la droite de la racine autant de chiffres qu'on a ajouté de fois trois zéros au reste.

En effet, si la racine doit avoir un certain nombre de chiffres décimaux, le cube en aura le triple ; car, quand on ajoute trois zéros à la droite d'un nombre, on le multiplie par 1000 qui est le cube de 10 ; donc, quand on en a extrait la racine cubique, il faut diviser le résultat par 10 qui est la racine cubique de 1000. Ce raisonnement s'applique à toutes les tranches qu'on voudrait obtenir. Pour opérer dans ce cas, on suivra la même marche que pour les exemples précédents.

344. D. *Comment extrait-on la racine cubique d'une fraction à deux termes?*

R. Pour extraire la racine cubique d'une *fraction* à deux termes, il faut extraire la racine cubique du numérateur et celle du dénominateur.

Ainsi la racine cubique de $\frac{27}{64}$ est $\frac{3}{4}$, parce que la racine de 27 est 3, et celle de 64 est 4. Mais comme il est rare qu'une fraction à deux termes donne une racine exacte, il convient mieux de réduire les fractions ordinaires en fractions décimales. Pour cela, il faut avoir soin de pousser ces réductions jusqu'à trois fois autant de décimales qu'on veut en avoir à la racine. Ainsi, si l'on demandait la racine cubique de 29 $\frac{5}{6}$, approchée jusqu'à moins d'un millième, on changerait la fraction en 0,833333333 ; en sorte que, pour avoir la racine cubique de 29 $\frac{5}{6}$, on extrairait celle de 29,833333333 qu'on trouvera être 3,101.

Cette dernière méthode, basée sur le calcul décimal, est préférable à la première, parce qu'elle rend les opérations plus faciles et moins compliquées.

345. D. *Comment forme-t-on le cube d'un nombre décimal?*

R. On forme le cube d'un *nombre décimal* en multipliant ce nombre deux fois par lui-même, abstraction faite de la virgule, et en séparant à la droite de ce dernier cube, trois fois autant de chiffres qu'il y en a dans le nombre décimal proposé. Cela se déduit de la règle No

121. Le nombre des chiffres décimaux d'un cube est toujours un multiple de 3. La racine de ce cube s'obtient en suivant les règles des n°s 341 et 343.

QUESTIONS RELATIVES A LA RACINE CUBIQUE.

271. On demande la racine cubique de 438976. R. 76.

272. Quelle est la racine cubique de 82312875 ? R. 435.

273. On demande la racine cubique de la fraction $\frac{64}{343}$. R. $\frac{4}{7}$.

274. Quelle est la racine cubique de 273,359449 ? R. 6,49.

275. On demande la racine cubique de 0,273359449. R. 0,649.

276. Quelle est la racine cubique de 0,000273359449 ? R. 0,0649.

LEÇON CINQUANTIÈME.

De la Planimétrie.

346. D. *Qu'est-ce que la* planimétrie?

R. La *planimétrie*, appelée aussi *arpentage*, est l'art de mesurer toutes les étendues.

347. D. *Combien y a-t-il de sortes d'*étendues?

R. Il y en a trois sortes :

1° L'*étendue* en longueur seulement ;

2° L'*étendue* en longueur et largeur ;

3° L'*étendue* en longueur, largeur et épaisseur.

348. D. *Qu'est-ce que mesurer l'étendue en* longueur ?

R. C'est chercher combien de fois une *longueur* quelconque en contient une autre plus petite d'une grandeur connue, prise pour unité de *longueur*.

349. D. *Qu'est-ce qu'une* surface *ou* superficie ?

R. C'est une *étendue* en longueur et largeur.

350. D. *Qu'est-ce que mesurer une* surface ?

R. C'est déterminer combien de fois elle renferme en carré, une *mesure* prise pour *unité* de superficie.

351. D. *A quoi se réduit la* mesure *de toutes les surfaces ?*

R. A celle du *carré*, du *rectangle*, du *triangle*, du *trapèze*, du *losange*, du *cercle* et de la *sphère*.

352. D. *Qu'est-ce qu'un* carré?

R. C'est une *surface* qui a tous ses côtés égaux et ses angles droits. *Figure 1.*

353. D. *Qu'est-ce qu'un* angle?

R. C'est l'*espace* contenu entre deux lignes qui se rencontrent en un point A; ce point se nomme le *sommet* de l'angle. *Fig. 2.*

354. D. *Qu'est-ce qu'un* rectangle?

R. C'est un *carré long* (*fig. 3*); on le nomme encore *parallélogramme*, ainsi que le carré.

355. D. *Combien distingue-t-on de sortes de* triangles?

R. On en distingue six sortes : trois par rapport aux côtés, et trois par rapport aux angles.

Les trois premiers sont :

1° Le triangle *équilatéral (fig. 4)*, qui a tous ses côtés égaux;

2° Le triangle *isocèle (fig. 5)*, dont deux côtés seulement sont égaux.

3° Le triangle *scalène (fig. 6)*, dont tous les côtés sont inégaux.

Les trois autres sont :

1° Le triangle *rectangle (fig. 7)*, qui a un angle droit;

2° Le triangle *obtusangle (fig. 8)*, qui a un angle obtus;

3° Le triangle *acutangle (fig 9)*, dont tous les angles sont aigus.

356. D. *Qu'est-ce qu'un* trapèze?

R. C'est une *surface* renfermée par quatre lignes dont deux seulement sont parallèles et inégales. *Fig. 10.*

357. D. *Qu'entend-on par* lignes parallèles?

R. Deux *lignes* qui sont partout également éloignées l'une de l'autre, ou bien deux *lignes* qui ne peuvent jamais se rencontrer à quelque distance qu'on les imagine prolongées. *Fig. 11.*

358. D. *Qu'est-ce qu'un* losange?

R. C'est une *surface* renfermée par quatre lignes

égales formant quatre angles, dont chacun est égal à celui qui lui est opposé. *Fig. 12.*

359. D. *Qu'est-ce qu'un* cercle ?

R. C'est la *surface* renfermée par la trace d'une branche du compas, tournant autour de l'autre fixée au centre du cercle : cette trace se nomme *circonférence. Fig. 13.*

360. D. *En combien de parties se divise la* circonférence?

R. En 360 *parties* qu'on appelle *degrés.*

361. D. *Quelles sont les* principales lignes *considérées dans le* cercle?

R. Le *rayon* et le *diamètre.*

362. D. *Qu'est-ce que le* rayon ?

R. C'est une *ligne droite* qui mesure la distance du centre à la circonférence AB. *Fig. 13.*

363. D. *Qu'est-ce que le* diamètre?

R. Le diamètre est une *ligne droite* qui aboutit à deux points de la circonférence en passant par le centre CD. *Fig. 13.* Chaque diamètre est donc composé de deux *rayons*, et coupe la circonférence en deux parties égales.

Remarque. Pour mesurer les étendues, on fera usage du mètre qui se divise 1° en mètre *linéaire* pour les longueurs; 2° en mètre *carré*, pour les surfaces; 3° en mètre *cube*, pour les volumes ou solides. Voir les n°s 211, 213 et 214.

364. D. *Comment trouve-t-on la* surface *d'un carré ?*

R. En multipliant la longueur d'un côté par elle-même.

Exemple : *On demande la superficie d'un terrain de forme carrée ayant 48 mètres de côté ?* Fig. 1.

Je multiplie la longueur AB par la hauteur BD, et j'ai $48 \times 48 = 2.304$ mètres carrés, ou 23 ares 04 centiares pour la surface demandée.

365. D. *Que faut-il faire pour avoir la* surface *du rectangle ou parallélogramme ?*

R. Multiplier les unités contenues dans sa base par celles comprises dans sa hauteur.

Exemple : *On demande la superficie d'un pré formant un rectangle, ou carré long de 60 mètres sur 40 de largeur ?* Fig. 3.

Multipliant AB par BC, j'ai 60 × 40 = 2.400 mètres carrés, ou 24 ares pour la surface demandée.

366. D. *Qu'est-ce que la* base *d'un triangle quelconque ?*

R. C'est le *côté* sur lequel on le suppose appuyé.

367. D. *Qu'est-ce que le* sommet *d'un triangle ?*

R. C'est l'angle opposé à sa base.

368. D. *Qu'est-ce que la* hauteur *d'un* triangle ?

R. C'est une *ligne* nommée *perpendiculaire* qu'on abaisse du sommet, et qu'on fait tomber directement sur la base, ou sur son prolongement.

Ainsi BC est la base, A le sommet, et AD la hauteur du triangle ABCD. *Fig. 4.*

369. D. *Que faut-il faire pour avoir la* surface *d'un triangle quelconque?*

R. Multiplier les unités de sa base par celles de sa hauteur et prendre moitié du produit.

Exemple : *On demande la superficie d'un terrain formant un triangle de 80 mètres 40 centimètres de base sur une hauteur de 35 mètres ?* Fig. 4.

Je multiplie BC par AD et j'ai 80,40 × 35 = 2.814 mètres carrés dont $\frac{1}{2}$ = 1.407 mètres carrés, ou 14 ares 07 centiares.

370. D. *Comment obtient-on la surface d'un* trapèze ?

R. On multiplie la moitié de la somme des deux côtés parallèles par leur hauteur.

Exemple : *Quelle est la surface d'un jardin formant un* trapèze *dont un côté a 60 mètres, l'autre 50, et dont la hauteur est de 24 mètres 80 centimètres ?* Fig. 10.

Je fais la somme des deux côtés AB et CD, j'en prends la moitié que je multiplie par EF, et j'ai 55 mètres × 24 mètres 80 centimètres = 1.364 mètres carrés, ou 13 ares 64 centiares.

371. D. *Comment trouve-t-on la surface du* losange ?

R. On multiplie la base AB par la hauteur Dg, *fig.* 12,

c'est-à-dire, par la ligne qui, partant de l'un des côtés pris pour base, s'élève perpendiculairement vers le côté opposé.

Exemple : *On demande la surface d'un pré en forme de losange, ayant 126 mètres 25 centimètres de base sur 28 mètres de perpendiculaire ?*

Multipliant AB par Dg, j'ai 126 mètres 25 centimètres $\times$ 28 mètres = 3.535 mètres carrés, ou 35 ares 35 centiares.

372. D. *Comment détermine-t-on la surface d'un* cercle ?

R. On multiplie la longueur de la circonférence par la moitié du rayon, ou le quart du diamètre.

Exemple : *On demande la surface d'un terrain de forme circulaire ayant* 154 *mètres de circonférence sur* 49 *mètres de diamètre?* Fig. 13.

Je multiplie la longueur de la circonférence ABCD par le quart de AC, et j'ai 154 mètres $\times$ 12 mètres 25 centimètres = 1.886 mètres carrés 50 décimètres carrés, ou 18 ares 865 millièmes.

Remarque. N'ayant pas fait usage des proportions dans le cours de cet ouvrage, je fais remarquer que le rapport approché du diamètre à la circonférence est comme 7 est à 22. Ainsi, pour déterminer le diamètre correspondant à une circonférence donnée, il suffira de la multiplier par 7, et d'en diviser le produit par 22 : le quotient exprimera le diamètre demandé.

Si c'était le diamètre qui fût connu et qu'il s'agît de trouver sa circonférence, alors on multiplierait ce diamètre par 22 et on en diviserait le produit par 7 : le quotient exprimerait la circonférence cherchée.

Qu'il s'agisse, pour l'exemple précédent, *de déterminer le diamètre d'un cercle de* 154 *mètres de circonférence.*

Multipliant 154 par 7, et divisant le produit 1078 par 22, j'obtiens 49 mètres de diamètre.

Si l'on demandait la longueur de la circonférence du même cercle, je multiplierais le diamètre 49 mètres par 22, et je diviserais le produit 1078 par 7 : le quotient 154 mètres exprimerait la circonférence demandée.

373. D. *Comment trouve-t-on la surface de la* sphère ?

R. On multiplie la longueur de sa circonférence par le diamètre. *Fig. 14.*

374. D. *Que faut-il faire pour déterminer la surface d'un* quadrilatère, *et en général de tout* polygone *qui a plus de quatre côtés?*

R. Les diviser en triangles par des diagonales, les évaluer séparément, ensuite faire la somme des divers produits. N° 369.

Exemple : *Soit une pièce de terre* ABCDE *fig.* 15 ; je la partage par des diagonales en 3 triangles BCD, BAD, DEA. Dans le premier je prends pour base BD et la hauteur est Cf; dans le second je prends pour base AD et la hauteur est Bg ; et dans le troisième je prends pour base DA et la hauteur Eh.

Ainsi en supposant que

BD = 30^m et Af = 14^m AD = 38^m et Bg = 18^m DA = 38^m et Eh = 20^m	j'aurai	BD × Af = 420$^{m.c.}$ AD × Bg = 684$^{m.c.}$ DA × Eh = 760$^{m.c.}$
		Total. . 1.864$^{m.c.}$
		Dont la moitié est. . 932$^{m.c.}$

Ainsi la surface de cette pièce de terre est de 932 mètres carrés, ou 9 ares 32 centiares.

375. D. *Comment trouve-t-on la surface du* cylindre, *appelé vulgairement* rouleau?

R. On multiplie la longueur d'une de ses circonférences par la longueur totale du cylindre.

Exemple : *Soit le cylindre* Bohn Aoh'n'. *Fig. 16.*

En supposant que Bh = 4 mètres et AB = 15 mètres, la circonférence approchée Bohn sera 12 mètres 572. Remarque du n° 372.

J'ai donc à multiplier 15 mètres par 12 mètres 572, ce qui me donne 188 mètres carrés 58 décimètres carrés pour la surface demandée.

376. D. *Comment trouve-t-on la surface d'un* cône *appelé vulgairement* pain de sucre ?

R. On multiplie la longueur de la circonférence par la moitié de la distance du sommet à cette circonférence.

Exemple : *Soit le cône* OAKBM *fig. 17.*

En supposant que AB=9 mètres et OA=20 mètres, la circonférence approchée AKBM sera 28 mètres 286.

J'ai donc à multiplier AKBM par $\frac{1}{2}$OA ou 28 mètres 286 × 10 = 282 mètres carrés 86 décimètres carrés pour la surface demandée.

377. D. *Et si le* cône *était tronqué, que faudrait-il faire?*

R. Multiplier le côté du *cône* par la moitié de la longueur des deux circonférences.

Exemple : *Soit le cône tronqué* ABCDEFGH *fig.* 18, j'aurai *surface* ABCDEFGH = AE × $\frac{1}{2}$ (circonférence EG + AC.)

Ainsi, en supposant que AE =10 mètres, EG = 5 mètres, AC = 3 mètres, j'aurai pour circonférences approchées EFGH = 15 mètres 7143, et ABCD = 9 mètres 4285.

Additionnant ensuite ces deux résultats et prenant moitié de leur somme, j'ai 10 × 12 mètres 5714 = 125 mètres carrés, 71 décimètres carrés pour la surface demandée.

QUESTIONS RELATIVES AUX SURFACES.

277. On demande la surface d'un jardin de forme carrée ayant 60 mètres de côté ? R. 36 ares.

278. On demande la surface d'un pré formant un parallélogramme ou carré long de 96 mètres 50 centimètres sur 36 mètres de large? R. 25 ares 09 centiares.

279. Quelle est la surface d'un champ formant un triangle de 97 mètres 50 centimètres de base sur une hauteur de 25 mètres 60 centimètres? R. 24 ares 96 centiares.

280. On demande la superficie d'un terrain formant un trapèze dont un côté a 75 mètres 85 centimètres, l'autre 69 mètres 15 centimètres, et dont la hauteur est 20 mètres 80 centimètres ? R. 15 ares 08 centiares.

281. Quelle est la surface d'un champ en forme de losange ayant

87 mètres 50 centimètres de base sur 66 mètres 40 centimètres de perpendiculaire ? R. 58 ares 10 centiares.

282. On demande la circonférence d'un cercle de 24 mètres 5 décimètres de diamètre ? R. 77 mètres.

283. On demande la circonférence d'un cercle de 14 mètres de rayon ? R. 88 mètres.

284. Quel est le diamètre d'un cercle de 110 mètres de circonférence ? R. 35 mètres.

285. On demande le rayon d'un cercle de 132 mètres de circonférence ? R. 21 mètres.

286. Quelle est la surface d'un cercle de 56 mètres de diamètre ? R. 24 ares 64 centiares.

287. On demande la surface d'un terrain de forme circulaire, ayant 132 mètres de circonférence ? R. 13 ares 86 centiares.

288. Quelle est la surface d'un pré formant trois triangles dont le premier aurait 46 mètres 50 centimètres de base sur 26 mètres de hauteur ; le second 60 mètres de base sur 40 mètres 50 centimètres de hauteur ; et le troisième 47 mètres 50 centimètres de base, et 22 mètres 80 centimètres de hauteur ? R. 23 ares 61 centiares.

289. On demande la surface d'un cylindre de 8 mètres 50 centimètres de hauteur, sur 4 mètres 40 centimètres de circonférence ? R. 374 mètres carrés.

290. Quelle est la surface d'un cône de 28 mètres de diamètre sur 12 mètres 50 centimètres de hauteur ? R. 175 mètres carrés.

291. On demande la surface d'un cône tronqué ayant 3 mètres 50 centimètres de diamètre à un bout, 7 mètres à l'autre, sur 18 mètres de hauteur ? R. 297 mètres carrés.

292. Combien faudra-t-il de planches de 2 mètres 8 décimètres de longueur sur 0 mètre 25 centimètres de largeur pour faire un plancher qui a 6 mètres 5 décimètres de longueur sur 5 mètres 6 décimètres de largeur ? R. 52.

293. On a des pierres de 0 mètre 4 décimètres de longueur sur 0 mètre 3 décimètres de largeur : combien en faudra-t-il pour paver la nef d'une église qui a 30 mètres de longueur sur 15 de largeur ? R. 3.750.

294. A 0 franc 20 centimes le mètre carré, combien coûtera le blanchissage d'un plafond de 6 mètres 2 décimètres de longueur

sur 5 mètres 5 décimètres de largeur ? R. 6 francs 82 centimes.

295. A 1 franc 50 centimes le mètre carré, combien coûtera la peinture d'une boiserie qui a 12 mètres 8 décimètres de longueur sur 3 mètres 25 centimètres de hauteur ? R. 62 francs 40 centimes.

296. On a payé 384 francs pour la peinture d'une surface triangulaire, ayant 20 mètres de base sur 12 mètres de hauteur : à combien revient le mètre ? R. 1 franc 60 centimes.

297. On demande ce qu'il faut payer à un peintre pour avoir mis en couleur la boiserie d'une chambre longue de 16 mètres, large de 14 mètres et haute de 2 mètres 5 décimètres, à 1 franc 85 centimes le mètre carré ? R. 103 francs 60 centimes.

298. Un puits ayant 20 mètres de profondeur, et 5 mètres 4 décimètres de circonférence, a été cimenté pour 48 francs 60 centimes : à combien revient le mètre carré ? R. 0 franc 45 centimes.

299. Combien y a-t-il de mètres carrés dans la surface de deux façades d'un mur long de 24 mètres 5 décimètres et haut de 6 mètres 4 décimètres, sans y comprendre deux portes qui ont chacune 2 mètres 2 décimètres de haut sur 1 mètre 5 décimètres de large ? R. 300 mètres 4 décimètres carrés.

300. Quelle est la base d'un triangle de 80 mètres de hauteur, et dont la surface est égale à celle d'un carré ayant 60 mètres de côté ? R. 90 mètres.

Il suffit de diviser la surface du carré par la $\frac{1}{2}$ hauteur du triangle, le quotient sera la base demandée.

Si c'était la base qui fût connue, je diviserais la surface du carré par la $\frac{1}{2}$ de cette base.

301. Un pré contient 30 ares 65 centiares ; sa longueur étant de 245 mètres 2 décimètres, quelle doit être sa largeur ? R. 12 mètres 5 décimètres.

Une surface étant le produit d'une longueur par une largeur, il est évident que, si je divise la surface par la longueur, j'aurai pour quotient la largeur.

Si c'était la hauteur qui fût connue avec la surface, je diviserais celle-ci par la hauteur pour obtenir la longueur.

302. Un jardin triangulaire ayant 120 mètres de base sur 60 mètres de hauteur, doit être changé pour un pré parfaitement carré : on demande la longueur des côtés de ce dernier ? R. 60 mètres.

Il suffit de chercher la surface du triangle, d'en extraire la racine carrée ; cette racine exprimera les côtés demandés.

303. On voudrait, dans une pièce de terre de 220 mètres de

longueur, prendre une parcelle de 39 ares 60 centiares, quelle largeur faut-il donner à cette parcelle? R. 18 mètres.

Je divise la surface de cette parcelle 39 ares 60 centiares, par sa longueur 220 mètres, j'obtiens sa largeur 18 mètres.

304. On demande la surface d'un terrain qui a 240 mètres de longueur, sur 125 mètres de largeur à une extrémité, et 75 mètres à l'autre? R. 2 hectares 40 ares.

305. A 12 fr. 50 centimes l'are, combien coûterait une pièce de terre de 120 mètres de longueur sur 80 mètres de largeur? R. 1.200 francs.

LEÇON CINQUANTE-UNIÈME.

De la Stéréométrie.

378. D. *Qu'est-ce que la* stéréométrie?

R. C'est l'art de mesurer les volumes des *corps* ou *solides*.

379. D. *Qu'est-ce qu'un* corps *ou* solide?

R. C'est ce qui réunit les trois dimensions de l'étendue, *longueur*, *largeur* et *épaisseur*.

380. D. En quoi consiste la mesure des *corps* ou *solides?*

R. A évaluer le nombre des *mètres cubes* qu'ils renferment.

381. D. *Quels sont les* solides *que l'on a le plus ordinairement à mesurer?*

R. Ce sont le *cube*, le *cylindre*, le *cône*, la *pyramide*, la *sphère* et le *prisme*.

382. D. *Qu'est-ce qu'un* cube?

R. C'est un *solide* terminé par six faces égales et carrées; les dés à jouer ont la forme cubique : le côté du *cube* est un quelconque des côtés des carrés qui le composent. *Fig.* 19.

383. D. *Qu'est-ce qu'un* cylindre?

R. C'est un *solide* renfermé par des cercles égaux et parallèles et dont la surface latérale est courbe : tels sont : un *bâton rond*, un *tuyau* de poêle. *Fig* 16.

On peut aussi considérer le *cylindre* comme engendré par la révolution d'un rectangle. *Fig.* 3.

384. D. *Qu'est-ce qu'un* cône ?

R. C'est un *solide* qui a un cercle pour base et dont les lignes élevées au-dessus aboutissent toutes à un point qu'on nomme *sommet :* tel est un pain de sucre. *Fig.* 17.

385. D. *Qu'est-ce qu'une* pyramide?

R. C'est un *solide* dont la surface latérale est composée de triangles qui se réunissent tous en un point commun nommé *sommet* de la pyramide. La base est un *polygone* qui donne son nom à la pyramide. *Fig.* 20.

386. D. *Qu'est-ce qu'une* sphère ?

R. C'est un *solide* terminé par une surface courbe dont tous les points sont également éloignés d'un point pris en dedans que l'on appelle *centre.* Fig. 14.

387. D. *Qu'est-ce qu'un* prisme ?

R. C'est un *solide* dont deux faces opposées sont parallèles, et les autres sont des parallélogrammes. *Fig.* 21.

388. D. *Comment trouve-t-on la solidité du* cube ?

R. On multiplie la surface de sa base par sa hauteur.

Exemple : *On demande la solidité d'un* cube *dont chaque surface a* 25 *mètres carrés ?* Fig. 19.

Multipliant 25 par 5 qui est un des côtés du cube, j'obtiens 75 mètres cubes, et ce produit est bien celui des deux nombres dont l'un représente les unités de surface renfermées dans la base, et l'autre les unités linéaires contenues dans la hauteur. N° 337.

389. D. *Comment trouve-t-on la solidité du* cylindre ?

R. On multiplie la surface de sa base par sa hauteur.

Exemple : *Soit le cylindre* ABhh' fig. 16, *d'une surface* Bohn de 12 mètres 572, et d'une hauteur DC de 15 mètres; la cubature du cylindre sera 12 mètres 572 × 15 = 188 mètres cubes 580 décimètres cubes pour la solidité demandée.

390. D. *Comment trouve-t-on la solidité du* cône ?

R. On multiplie la surface de sa base par le tiers de sa hauteur.

Exemple : *Soit le cône* OAKB fig. 17, *d'une surface* AKBM de 63 mètres carrés 64 décimètres carrés 35 centimètres carrés, *et d'une hauteur* OC de 18 mètres; la cubature du cône sera 63,6435 $\times \frac{1}{3}$ 18, ou 63,6435 $\times$ 6 = 381 mètres cubes 861 décimètres cubes pour la solidité demandée.

391. D. *Et si le cône était* tronqué, *que faudrait-il faire?*

R. Multiplier la moitié de la surface des deux extrémités du cône par la hauteur.

Exemple : *Soit le cône tronqué* ABCDEFGH fig. 18, *d'une surface* ABCD = 7 mètres carrés 07 décimètres, carrés 13 centimètres carrés, et EFGH = 19 mètres carrés 64 décimètres carrés 29 centimètres carrés, et KM = 8 mètres; la cubature du cône tronqué sera $\frac{1}{2}$ 7,0713 + 19,6429, ou 13 mètres cubes, 3571 $\times$ 8 = 106 mètres cubes 856 décimètres cubes 800 centimètres cubes pour la solidité cherchée.

392. D. *Comment trouve-t-on la solidité d'une* pyramide ?

R. On multiplie la surface de sa base par le tiers de sa hauteur. *Fig.* 20 *et* 17. N° 390.

Exemple : *On demande la solidité d'une pyramide de* 9 *mètres de hauteur, et dont la base est un triangle ayant* 5 *mètres de base sur* 3 *de hauteur?*

Je cherche d'abord la surface de la base, elle est de 7 mètres carrés 50 centimètres carrés N° 369; ensuite je multiplie cette surface par le tiers de la hauteur, ce qui me conduit à 7,50 $\times$ 3 = 22 mètres cubes 500 décimètres cubes pour la solidité demandée.

393. D. *Comment trouve-t-on la solidité de la* sphère ?

R. On multiplie sa surface par le tiers du rayon.

Exemple : *Soit la sphère* ABCD fig. 14.

En supposant ABCD = 22 mètres et AC = 7 mètres, j'aurai surface 22 $\times$ 7 = 154; puis multipliant 154 mètres par le tiers du rayon, ou par 1 mètre 1666, j'aurai solidité 154 × 1, 1666 = 179 mètres cubes 656 décimètres cubes 400 centimètres cubes.

394. *Comment trouve-t-on la solidité d'un* prisme?
R. On multiplie la surface de sa base par sa hauteur.

Exemple : *Soit le prisme* fig. 21, *de* 1 mètre 80 centimètres *de hauteur*, 1 mètre 40 centimètres *de largeur*, et 0 mètre 75 centimètres *d'épaisseur*.

La surface de la base est 1 mètre 80 centimètres × 0 mètre 75 centimètres = 1 mètre carré 05 centimètres carrés.

La solidité du prisme sera 1 mètre carré 05 centimètres carrés × 1 mètre 80 centimètres = 1 mètre cube 890 décimètres cubes.

QUESTIONS RELATIVES AUX CORPS OU SOLIDES.

306. On demande la solidité d'un cube dont chaque surface a 6 mètres carrés 25 décimètres carrés. R. 15 mètres cubes 625 décimètres cubes.

307. On demande le volume d'un cylindre ayant 1 mètre 75 centimètres de diamètre et 8 mètres de hauteur R. 19 mètres cubes 250 décimètres cubes.

308. On demande la solidité d'un cône ayant 18 mètres de hauteur et dont le cercle qui lui sert de base a 11 mètres de circonférence? R. 57 mètres cubes 750 décimètres cubes.

309. On demande le volume d'un cône tronqué dont le petit diamètre est de 1 mètre 4 décimètres, le grand de 2 mètres 8 décimètres, et la hauteur de 4 mètres. R. 15 mètres cubes 400 décimètres cubes.

310. On demande le volume d'une pyramide de 15 mètres de hauteur, et dont la base est un triangle de 14 mètres 50 centimètres de base sur 8 mètres de hauteur? R. 290 mètres cubes.

311. On demande la solidité d'une boule ayant 1 mètre 75 centimètres de diamètre? R. 2 mètres cubes 806 décimètres cubes 154 centimètres cubes.

312. On demande le volume d'une pierre de 2 mètres 5 décimètres de longueur, 2 mètres 3 décimètres de largeur et 2 mètres d'épaisseur? R. 11 mètres cubes 500 décimètres cubes.

313. Un tas de bois a 6 mètres 5 décimètres de longueur, 1 mètre 2 décimètres de largeur, et 2 mètres 5 décimètres de hauteur : combien contient-il de stères, et combien vaut-il à 3 fr. 60 centimes le stère? (*) R. 19 stères 5 décistères = 70 francs 20 centimes.

314. Une pièce de bois a 12 mètres 5 décimètres de longueur sur 0 mètre 40 centimètres d'équarrissage : combien contient-elle de stères, et combien vaut-elle à raison de 14 francs 50 centimes le stère? R. 2 stères = 29 francs.

315. Un arbre en grume a 0 mètre 88 centimètres de circonférence au petit bout, 1 mètre 32 centimètres au gros bout, sa longueur est de 5 mètres : combien contient-il de stères, et combien vaut-il à raison de 20 francs le stère? R. 1 stère 001^{mie} = 20 fr. 02 centimes.

316. On demande le volume d'eau que contient un canal long de 50 mètres, et dont le haut a 4 mètres 3 décimètres de largeur, et le bas 3 mètres 5 décimètres, la profondeur étant de 1 mètre 6 décimètres? R. 312 mètres cubes.

317. Avec un tombereau de 1 mètre 6 décimètres de longueur, 0 mètre 8 décimètres de largeur et 0 mètre 5 décimètres de profondeur, combien faudra-t-il faire de voyages pour enlever un gazon de terre qui a 16 mètres de longueur, 12 mètres de largeur, et 2 mètres 5 décimètres de hauteur? R. 750.

318. On demande quelle quantité de matériaux il entre dans la maçonnerie d'un mur de 80 mètres de longueur, 2 mètres 25 centimètres de hauteur, et 0 mètre 35 centimètres d'épaisseur, et combien coûtera la main-d'œuvre à raison de 3 francs 20 centimes le mètre cube? R. 63 mètres cubes = 201 francs 60 centimes.

319. Combien faut-il de moëllons de 0 mètre 25 centimètres de longueur, 0 mètre 20 centimètres de largeur, et 0 mètre 10 centimètres d'épaisseur pour construire un mur de 40 mètres de longueur, 3 mètres 25 centimètres de hauteur, et 0 mètre 60 centimètres d'épaisseur, sachant qu'il y entre $\frac{1}{6}$ de mortier? R. 13.000.

320. Combien faut-il de mètres cubes d'eau pour remplir un bouge dont le diamètre est de 3 mètres 20 centimètres, l'autre de 2 mètres 80 centimètres, et la hauteur de 2 mètres? R. 14 mètres cubes 200 décimètres cubes.

FIN DE LA SECONDE PARTIE.

(*) Le mètre cube prend le nom de *stère* pour la mesure du bois de charpente et de chauffage.

TABLE DES MATIÈRES.

PREMIÈRE PARTIE.

SECONDE PARTIE.

FIN.

www.ingramcontent.com/pod-product-compliance
Ingram Content Group UK Ltd.
Pitfield, Milton Keynes, MK11 3LW, UK
UKHW012211240726
13966UKWH00002B/701

9 782011 914972